Initiation aux cartes et aux coupes géologiques

Denis Sorel

Maître de conférences à l'université Paris-sud (Orsay)

Pierre Vergely

Professeur à l'université Paris-sud (Orsay)

DUNOD

Dans la série Atlas :

– *Embryologie descriptive,* Raphaël Franquinet et Jean Foucrier ;
– *Biologie animale,* Sandrine Heusser et Henry-Gabriel Dupuy
- tome 1 - *les grands plans d'organisation,*
- tome 2 - *histoire fonctionelle ;*

– *Biologie végétale* :
- tome 1 - *organisation des plantes sans fleurs,* Jean-Claude Roland et Brigitte Vian,
- tome 2 - *organisation des plantes à fleurs,* Jean-Claude Roland et Françoise Roland ;

– *Initiation aux cartes et aux coupes géologiques,* Denis Sorel et Pierre Vergely.
– *Biologie cellulaire,* Jean-Claude Roland, Anette et Daniel Szöllösi et Jean-Claude Callen.

Vous pouvez consulter notre catalogue sur internet :
http://www.dunod.com

Les illustrations de l'ouvrage ont été réalisées
par les auteurs

Illustration de couverture :
Lionel Auvergne

ISBN 2 10 048423 0

Table des matières

Introduction

Cet atlas a pour but de donner les moyens pour apprendre à lire les cartes géologiques. Or ces cartes, qui représentent une source d'information considérable mais difficilement accessible, ne sont pas toujours utilisées de façon optimum, tant par le professionnel que par l'amateur. Il s'agit de montrer comment accéder à la totalité des données ou encore comment transformer en une vision dans l'espace les informations de surface de la carte. Nous voulons également montrer comment la carte géologique peut être utilisée pour déchiffrer l'histoire géologique de la région qu'elle représente, histoire dont les événements peuvent se dérouler sur des centaines de millions d'années.

La carte géologique régionale et la notice explicative qui l'accompagne sont aussi indispensables au géologue qui veut découvrir une région qu'une carte et un guide le sont pour le voyageur qui visite un pays. La carte géologique est un document indispensable, que tout géologue doit savoir lire, utiliser, et réaliser sur le terrain. Apprendre à lire une carte ou dessiner à partir d'elle une coupe géologique sont comme lire une partition et faire des gammes pour un musicien.

Il existe des cartes géologiques d'échelles variées. Certaines couvrent des continents entiers et sont utiles pour une vision à l'échelle de la tectonique globale. D'autres sont à l'échelle d'un pays, par exemple le millionième de la France. Il existe également des cartes régionales ; en France, les cartes régionales détaillées sont au 1/50 000, éditées par le BRGM. Ces documents sont les plus utiles professionnellement, et cet ouvrage leur est plus spécialement adapté.

La carte géologique est indispensable aux géologues de toutes spécialités, et dans des domaines aussi variés que les mines, le pétrole, le génie civil, l'hydrogéologie, l'agronomie, les risques naturels et l'environnement.

Sur cette simple feuille, d'usage pratique sur le terrain comme en salle, sont représentés les divers terrains qui affleurent en surface et leurs relations géométriques et chronologiques. Il faut savoir que la réalisation d'une seule carte représente des années de recherches minutieuses pour une équipe de spécialistes : sur le terrain bien sûr, mais aussi au laboratoire, en documentation et jusqu'à l'étape ultime de l'impression de la feuille.

La carte géologique est un document plan, en deux dimensions. La géologie y est superposée à un fond topographique précis, établi pour la France par l'IGN (Institut géographique national). Sur le terrain, ce fond topographique permet de se localiser et de se diriger. En salle, il permet de se représenter le relief du secteur couvert par la carte, de réaliser le profil topographique précis d'une coupe géologique, et de visualiser la disposition des formations géologiques en volume. Une partie de cet ouvrage présentera les manières de tirer parti des relations géométriques entre contours géologiques et topographie pour préciser les structures en trois dimensions, ainsi que les relations entre structures et reliefs (géomorphologie structurale).

En marge de la carte, des cartouches colorés et indexés indiquent l'âge et parfois la nature des différents terrains. Sous la carte, un petit schéma des structures géologiques de la feuille (schéma structural) ou une coupe géologique représentative de la feuille aident parfois son abord.

Une notice est jointe à chaque carte. Elle apporte d'importantes informations complémentaires sur la nature des formations (lithologie), l'âge des terrains déterminé par leurs fossiles (paléontologie) ou par les datations radiométriques, les déformations des terrains (tectonique) et leur âge, l'hydrogéologie, les mines, les carrières et matériaux utiles, etc.

Le plan de l'ouvrage est le suivant :

– Les bases de ce qu'il faut savoir sur le fond topographique des cartes géologiques seront données d'abord ; elles permettront de tirer le meilleur parti pour la vision dans l'espace des relations entre les tracés des terrains et des accidents géologiques et le relief.

– La carte géologique sera présentée ensuite : c'est un document riche en informations diverses, d'utilisation plus facile si l'on est familiarisé avec la codification des légendes, des couleurs et des indices identifiant les terrains, etc.

– La vision des terrains et des structures dans l'espace est essentielle au géologue. La troisième partie en est une initiation à partir de schémas et d'exemples simples, d'exercices d'application, qui aideront à acquérir cette vision avant de l'appliquer aux vraies cartes géologiques.

– Cette vision locale des terrains dans l'espace permet de reconnaître à l'échelle de la carte des structures géologiques. Leurs caractères et un inventaire des principales structures géologiques sont donnés dans la quatrième partie.

– À partir de la disposition actuelle des terrains de différents âges et de leurs relations géométriques sur une carte, il est possible de reconstituer la chronologie des événements géologiques qui se sont succédés sur une région. Les méthodes d'observation et de raisonnement permettant d'établir cette chronologie géologique sont données dans la quatrième partie.

– La carte géologique permet de réaliser un document essentiel au géologue, la coupe géologique. Elle permet de visualiser la disposition des terrains et leurs structures en profondeur, dans un plan vertical. La sixième partie du livre donne la méthode pratique de construction graphique du profil topographique et de la coupe géologique.

– La dernière partie du livre montre l'application concrète des notions présentées à des exemples réels de cartes géologiques choisies en France. Sur chaque extrait de carte sélectionné pour illustrer des structures typiques (failles, plis, chevauchements, chronologie...) dans différents types de terrains est réalisée une coupe d'après les seules données de la carte. Un petit commentaire aide à tirer parti des points essentiels de la carte et de la coupe.

Cet ouvrage n'est qu'une initiation. Pour progresser, il y a bien sûr la pratique de l'étude des cartes et la réalisation de coupes. Mais il y a aussi le terrain : soit par les stages de cartographie géologique, essentiels dans la formation des étudiants géologues et de ceux qui se destinent à enseigner les sciences de la vie et de la terre, soit en se procurant auprès des enseignants, d'une bibliothèque, ou en librairie, la carte géologique de la région où l'on vit, où l'on part en voyage ou en vacances.

Comme un morceau de musique, un paysage ne perd pas en beauté ni en poésie si l'on comprend comment il est composé !

Nous remercions ici tous ceux qui ont permis l'accès aux documents utilisés dans les diverses parties de ce livre : le BRGM (Bureau de recherches géologiques et minières) et la CCGM (Commission de la carte géologique du monde).

La carte topographique

1

1.1 Présentation générale

Sur une carte géologique détaillée, les limites des formations géologiques, les failles qui décalent les terrains et les autres éléments géologiques sont représentés en surimpression sur un **fond topographique**, qui permet de localiser les données géologiques dans le paysage de la région. Le fond topographique d'une carte géologique est basé sur une **carte topographique**, un peu simplifiée pour ne pas être trop chargée, tout en permettant de bien se localiser géographiquement et de reconnaître le relief de la région. La précision d'une carte géologique dépend en partie de celle des cartes topographiques que l'on utilise lors des levers sur le terrain. En France, les cartes topographiques réalisées par l'IGN (Institut géographique national) sont très précises et détaillées. Toutefois dans certains pays où les affleurements sont rares et les cartes topographiques imprécises, la réalisation de cartes géologiques détaillées n'est pas chose aisée : les imprécisions lors du lever des cartes se répercutent dans leur utilisation ultérieure, notamment pour la réalisation de coupes géologiques précises.

1.1.1 La projection cartographique

Une carte topographique est la projection sur un plan horizontal, celui d'une feuille de papier, d'une partie de la surface du globe terrestre. Nous ne détaillerons pas ici les nombreux types de projection qui ont été élaborés pour les divers types de cartes, de la petite région à la Terre entière. Aucun n'est sans défaut, et son choix dépend surtout de la surface couverte par la carte et de l'usage de celle-ci. Ainsi, chacun a remarqué que les planisphères, qui couvrent l'ensemble du globe avec un réseau de méridiens (Nord-Sud) et de parallèles (Est-Ouest) orthogonaux présentent de fortes distorsions près des pôles, attribuant par exemple des surfaces démesurées au Groenland et à l'Antarctique.

Les petites surfaces des cartes géologiques de la France à l'échelle du 1/50 000 (un cinquante millième), qui couvrent environ 29 km sur 20, ne présentent pas de distorsion visible, et deux cartes voisines peuvent se juxtaposer sans décalage.

La projection utilisée pour ces cartes et les cartes topographiques au 1/25 000 de l'IGN est de type **Lambert conique conforme**. Nous reviendrons sur ce qu'est l'échelle d'une carte.

Cette première opération de la cartographie, qui transforme, par une projection accompagnée parfois de modifications mathématiques, les points de la surface terrestre (quasi sphérique) définis par leur latitude (nord-sud) et leur longitude (est-ouest) en points sur la carte (plane), s'appelle **la planimétrie**. La seconde opération, l'**orographie**, est la représentation sur la carte de l'altitude de ces points, c'est-à-dire du relief, ou **topographie**.

Pour que la géologie soit plus lisible, nous verrons plus loin comment le fond topographique est simplifié sur les cartes géologiques. Disons d'abord quelques mots des cartes topographiques détaillées (au 1/25 000 par exemple) qui constituent de bons fonds topographiques pour faire des levers géologiques.

1.1.2 La géodésie

La **géodésie** consiste à repérer très précisément les uns par rapport aux autres des points de la surface terrestre matérialisés sur le terrain (**points géodésiques**). Les angles et les distances entre ces points, disposés en un réseau de triangles, sont mesurés optiquement avec une précision de l'ordre du centimètre pour dix kilomètres : cette opération, la **planimétrie**, est ainsi réalisée par **triangulation**.

L'altitude de ces points est établie au centimètre près par des mesures de **nivellement**. En France, les altitudes sont calées par rapport au niveau de la mer, et ce niveau zéro de référence est défini à Marseille.

1.1.3 Réalisation de la carte topographique

Les cartes topographiques ne sont plus réalisées par des observations sur le terrain, longues et coûteuses. Elles sont réalisées à partir de photographies aériennes verticales prises par les avions de l'IGN, par un procédé dit de **restitution**. L'appareil survole le secteur de la mission en faisant des allers-retours selon des bandes Est-Ouest. Deux photos successives se recouvrent de près des deux tiers, ce qui permet d'observer le relief par **stéréoscopie**. Un appareil optique, le **restituteur**, permet de repérer sur les photos des points de même altitude et ainsi de tracer les courbes de niveau.

Ce qui ne peut être observé sur les photos (chemins en forêt, positions de sources) ou dont la nature n'est pas bien déterminée (maison ou bergerie, nature des routes…) est ensuite précisé par des missions complémentaires sur le terrain, avant l'achèvement et l'impression de la carte topographique.

1.1.4 Principaux éléments représentés sur les cartes topographiques

Les éléments d'origine humaine, agglomérations, constructions, voies de communication, lignes électriques, etc. sont représentés en noir. La couleur des routes, jaune ou rouge, dépend de leur importance. La largeur des routes est exagérée car elles ne seraient pas visibles représentées à l'échelle. La **toponymie** (noms de lieux) est en noir.

L'hydrographie : cours d'eau, lacs, sources... est figurée en bleu.

La végétation est en vert.

Des **symboles** variés figurent sur les cartes topographiques, signalant des points de repère. Ce sont des constructions (chapelles, mégalithes, bâtiments divers, ruines, points géodésiques, etc.), mais aussi des points naturels tels que sources ou gouffres. La légende des cartes précise la nature de ces symboles.

Le **relief** est figuré par des **courbes de niveau** de couleur bistre. Nous reviendrons en détail sur ces lignes horizontales, parfois appelées **isohypses** car tous leurs points ont la même altitude. Localement, un chiffre indique l'altitude de certaines courbes de niveau (Fig 1.1).

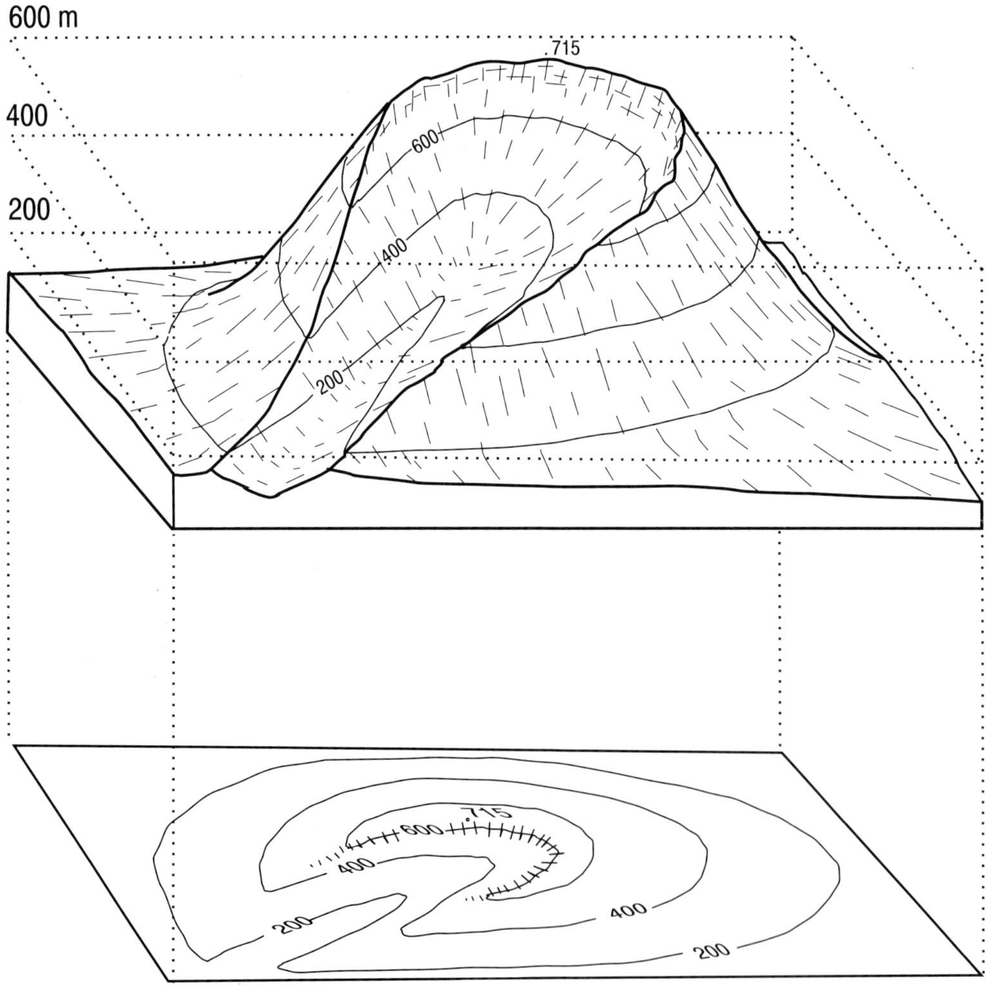

Figure 1.1.
Les courbes de niveau : sur le volcan égueulé représenté sur le bloc diagramme sont représentées trois lignes horizontales de 200, 400 et 600 m d'altitude, correspondant à l'intersection de ce relief par les trois plans de mêmes altitudes. Ces lignes, projetées sur la carte au dessous, constituent des courbes de niveau. La différence d'altitude entre deux courbes, ou équidistance, est de 200 m. Le point coté 715 m correspond au sommet du volcan.

Les **points cotés** sont des points remarquables, faciles à trouver dans la nature, dont l'altitude est donnée sur la carte (Fig. 1.1). Ce sont souvent des sommets, des croisements de routes, des ponts, etc.

Sur les cartes topographiques, l'impression de relief est accentuée par un ombrage ; il correspond par convention à un éclairement oblique venant du Nord-Ouest, incidence habituelle d'une lampe de bureau, mais que paradoxalement le soleil ne présente jamais sous nos latitudes.

1.1.5 La simplification du fond topographique pour la carte géologique

Sur les cartes géologiques, chaque formation géologique est représentée par une couleur. Pour ne pas altérer ces couleurs, le fond topographique est simplifié : le vert de la végétation et l'ombrage des reliefs sont supprimés, mais l'hydrographie reste néanmoins figurée en bleu.

Les routes sont en couleur bistre, comme les courbes de niveau. Les agglomérations, les bâtiments et la toponymie sont en brun foncé. Les symboles d'édifices et d'autres points particuliers sont enlevés, mais les points cotés utiles sont conservés.

1.2 L'échelle et l'orientation

1.2.1 L'échelle numérique

L'échelle e d'une carte est le rapport entre une distance d sur la carte et la distance correspondante réelle D sur le terrain :

$$e = d/D$$

Par exemple, si deux points distants de 1 cm sur la carte sont espacés de 500 m (50 000 cm) sur le terrain, $\mathbf{e = 1/50\,000}$. La carte est à l'échelle du **cinquante millième**. C'est l'échelle des cartes géologiques détaillées de la France publiées par le BRGM (Bureau de recherches géologiques et minières).

Des échelles de cartes d'usage courant sont par exemple :

– 1/25 000, 1 cm pour 250 mètres, pour les cartes topographiques détaillées (série bleue, Top 25) de l'IGN.

– 1/100 000, 1 cm pour 1 km, pour les cartes de la série verte de l'I.G.N.

– 1/200 000, 1 cm pour 2 km, pour les cartes routières Michelin.

– 1/1 000 000, 1 cm pour 10 km, pour la carte géologique en une feuille de la France du BRGM.

L'échelle ainsi donnée, sous forme d'un rapport de nombres, est dite **échelle numérique**.

Contrairement à ce que laisse penser l'expression « travailler à grande échelle », une carte locale, au 1/25 000, est à une échelle plus grande qu'une carte au millionième, bien que celle-ci couvre une plus vaste surface.

Le fond topographique des cartes géologiques détaillées de la France est à l'échelle du 1/50 000. Les cartes topographiques de l'IGN à cette échelle ne sont plus diffusées dans le commerce. Elles sont remplacées par les cartes au 1/25 000 (série bleue, ou Top 25) ; pour des régions plus vastes, les cartes au 1/100 000 et au 1/250 000 existent.

1.2.2 L'échelle graphique

L'échelle d'une carte, d'une coupe, d'une figure, d'un dessin ou autre document peut aussi être donnée sous **forme graphique** : on trace un segment gradué, subdivisé en kilomètres, en hectomètres, ou moins encore pour une figure d'affleurement sur le terrain. **Cette échelle graphique est recommandée pour les coupes géologiques**, car on visualise immédiatement les dimensions.

En outre, la photocopie, la rétroprojection, la vidéo, la photographie et d'autres techniques permettent d'agrandir ou réduire la taille des documents. L'échelle graphique reste alors exacte, car sa taille est modifiée comme celle du document.

1.2.3 L'orientation et la localisation

Les bords latéraux de la carte sont parallèles aux méridiens terrestres et indiquent le Nord géographique. Le nord magnétique, donné par une boussole, n'en diffère pas de plus de quelques degrés en France.

Sur les bords de la carte figurent les amorces des méridiens (longitude) et des parallèles (latitude) terrestres ; ils sont utiles pour donner la localisation précise d'un point géologique important.

Nous verrons que l'orientation d'une coupe géologique doit être donnée par des lettres placées au-dessus de ses deux extrémités ; cette rose des vents (Fig. 1.2) rappelle les lettres des orientations usuelles.

1.3 La représentation du relief

1.3.1 La représentation en hachures

Figurer le relief était déjà une préoccupation sur les plus anciennes cartes et sur les mappemondes. Même une esquisse simpliste et inexacte des chaînes de montagnes valait mieux qu'une fausse idée de platitude des pays. Sur la première carte topographique détaillée de la France, la carte d'état-major au 1/80 000, puis sur des cartes au 1/50 000 (Fig. 1.3), le relief était représenté par des bandes de petits traits, ou hachures, d'altitude constante. Les hachures étaient d'autant plus courtes et serrées que les pentes sont fortes. Mais cette multitude de traits gravés chargeait beaucoup les cartes et n'était pas de lecture précise. Les hachures furent remplacées par des courbes de niveau, fond plus précis et moins chargé, bien que moins directement expressif.

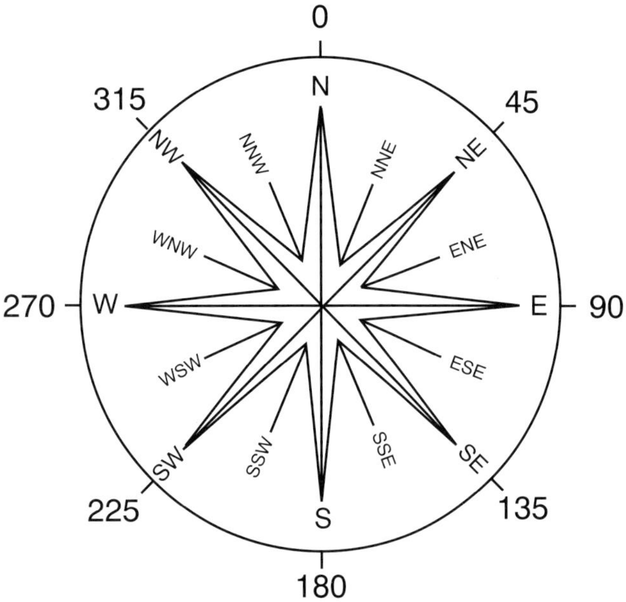

Figure 1.2.
Rose des vents servant à orienter des droites horizontales (limite géologique, faille, axe de pli, trait de coupe). On indique l'orientation des deux extrémités de la ligne : N-S, NNE-SSW.

1.3.2 La représentation en courbes de niveau

Sur les cartes topographiques et sur les cartes géologiques au 1/50 000, le relief est figuré par des courbes de niveau. Une courbe de niveau représente l'intersection du relief par un plan horizontal (*cf.* fig. 1.1). Tous les points d'une courbe de niveau ont la même altitude. La différence d'altitude entre deux courbes de niveau normales successives est dite **équidistance**. Elle est de 10 m dans les régions de faible relief, et de 20 m en montagne. Tous les 50 m (ou 100 m en montagne), des **courbes maîtresses** sont figurées par un trait plus épais ; l'altitude est indiquée par un chiffre. Dans des paysages plats, des **courbes intercalaires**, tous les 5 m, peuvent être ajoutées en trait tireté.

1.3.3 Les pentes du relief

La distance horizontale, **écartement** ou **espacement,** entre deux courbes de niveau sur la carte, à ne pas confondre avec l'équidistance (verticale) vue ci-dessus, permet d'apprécier et de calculer la pente du relief ou **pente topographique** : plus les courbes sont espacées, plus il faut parcourir une grande distance pour monter ou descendre de la hauteur d'une équidistance : la pente est faible. Inversement, plus les courbes de niveau sont serrées, plus la pente est forte.

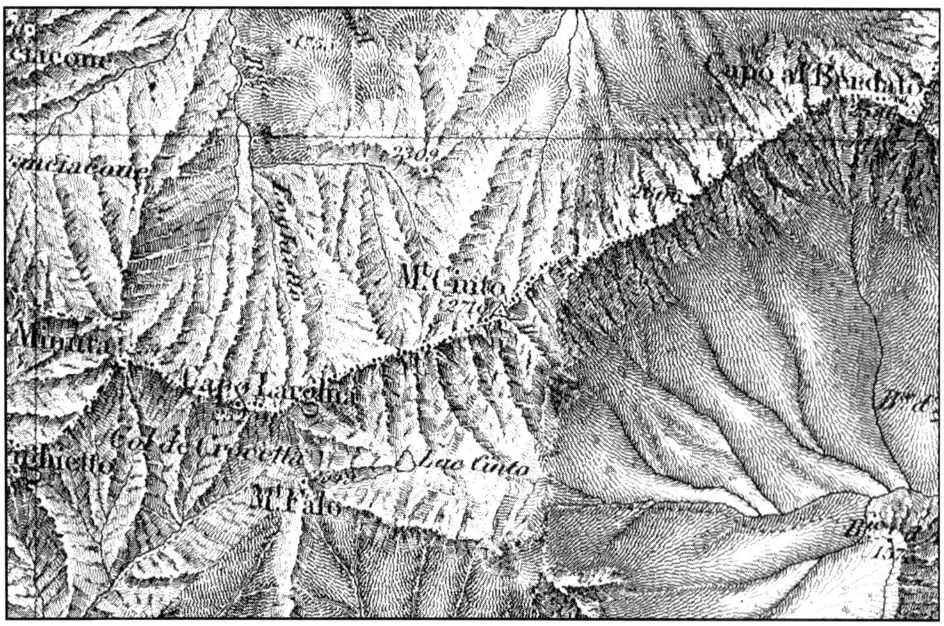

Figure 1.3.
Extrait de carte topographique en hachure au 1/50 000, feuille Galeria, Corse. Les hachures et les figurés de rochers rendent bien le relief. Mais, hormis les rares points cotés, il est difficile de connaître l'altitude précise d'un point, et donc de réaliser des profils topographiques précis sur ce type de carte.

Sur la figure 1.4a, si *h* est la différence de hauteur (dénivelée) entre deux points espacés d'une distance *d* sur la carte (distance horizontale), l'angle α de la pente est donné par :

$$h/d = \tan \alpha$$

Un écartement constant des courbes de niveau indique une pente constante. Le versant est **régulier**. C'est le cas de versants peu érodés de certains volcans constitués de blocs et de cendres. Mais la plupart des paysages résultent de l'érosion de terrains variés, et leurs formes sont complexes. Lorsque la pente d'un versant diminue vers le bas, sa forme est dite **concave** (Fig. 1.4b). Au contraire, si la pente diminue vers le haut, le versant est **convexe** (Fig. 1.4c).

Une variation brutale de la pente d'un versant est une **rupture de pente** (Fig. 1.4d).

1.3.4 Les formes du relief

a) *Les crêtes*

Les crêtes se reconnaissent par des courbes de niveau qui se referment sur elles-mêmes, en formes allongées, entourant un sommet qui peut être marqué par un point coté (*cf.* fig. 1.1). Sur une crête aiguë (**arête**), les fermetures des courbes de niveau sont pointues, alors que sur les crêtes émoussées ou croupes elles sont arrondies. Une crête dont les deux versants ont des pentes différentes, marquées par des espacements différents des courbes de niveau, est dite *dissymétrique* : sur la figure 1.5, le trait de coupe traverse deux crêtes assez aiguës et légèrement dissymétriques.

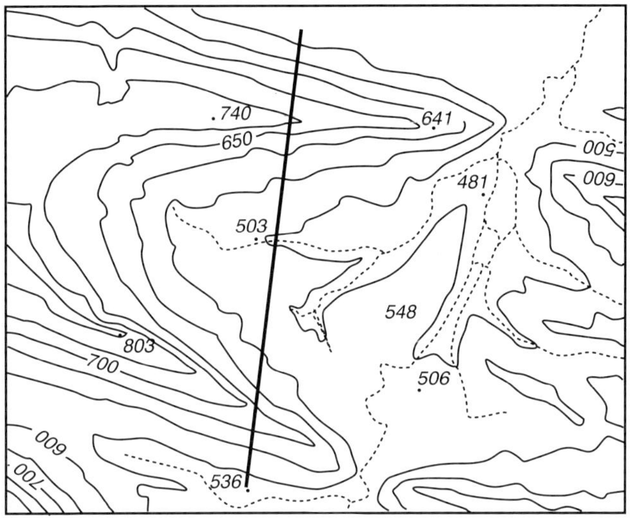

Figure 1.5.
Carte simple en courbes de niveau, avec réseau hydrographique en tiretés, et crêtes dissymétriques assez aiguës.

La figure 1.6 représente une montagne très dissymétrique : son sommet est doux, aplani, son versant sud-ouest est convexe avec des ruptures de pente (variations d'espacement des courbes de niveau). Ses versants nord et est sont concaves (plus raides vers le haut), avec des figurés de rochers indiquant des **corniches sommitales** rocheuses.

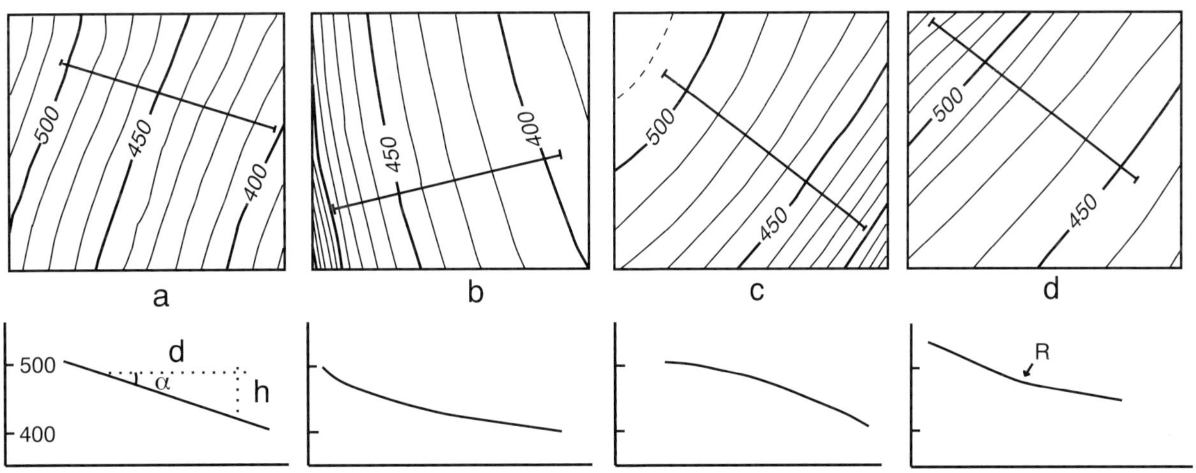

Figure 1.4.
L'espacement des courbes de niveau révèle les pentes et les formes des versants.
a) espacement constant, pente constante dont on peut calculer l'angle α ;
b) espacement croissant vers le bas : versant concave ;
c) espacement décroissant vers le bas : versant convexe ;
d) changement rapide d'espacement : rupture de pente (R).

b) Les vallées

Même si aucun cours d'eau n'y est figuré, une vallée se reconnaît par la fermeture des courbes de niveau à l'amont seulement (Fig. 1.5 et 1.6). Comme pour les crêtes, la forme de la fermeture des courbes de niveau reflète celle de la vallée : une fermeture en V indique une vallée incisée ; une fermeture en U peut correspondre à un creusement de la vallée par un glacier, ou au colmatage du fond de la vallée par des alluvions.

c) Les falaises

Les abrupts, falaises et parois rocheuses à pente forte sont marquées par des figurés de rochers (Fig. 1.3 et 1.6). Les courbes de niveau n'y sont pas tracées, car elles seraient superposées ou trop serrées. Pour connaître la hauteur d'une paroi, on fait la différence d'altitude des courbes de niveau passant en haut et au pied de la paroi. Le **regard** d'une paroi est la direction géographique vers laquelle elle fait face : sur la figure 1.6, les parois regardent vers l'Est et le Nord.

d) Les cuvettes

Certains paysages glaciaires ou de pays calcaire peuvent présenter des **cuvettes**. Pour ne pas les confondre avec des collines, les courbes de niveau sont tracées en tireté et une flèche est dirigée vers le fond de la cuvette.

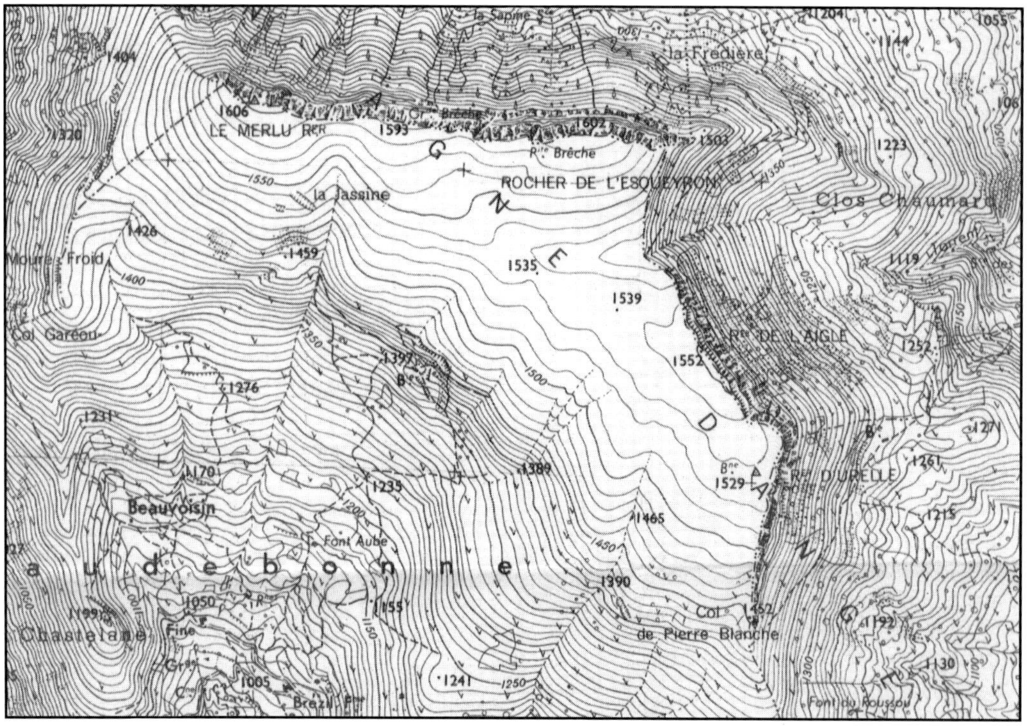

Figure 1.6.

Aspect de formes de relief sur une carte en courbes de niveau (Montagne d'Angèle, Drôme). On y note : le figuré des falaises et parois rocheuses ; un sommet plat (courbes espacées) ; la concavité des versants nord et est ; les pointes en V des courbes de niveau vers l'amont des vallons. Le nord de la carte est situé en haut de la figure.

La carte géologique

2

La carte géologique est très riche en informations, qui sont souvent données par des signes et des symboles spécifiques. Ce chapitre vise à présenter le document particulier qu'est la carte géologique, à expliquer la signification de sa légende, des signes, des tracés, pour familiariser le lecteur et lui permettre d'en tirer le meilleur parti. Les explications concerneront :

– la signification des **tracés** géologiques, et des **signes et symboles** qui donnent des indications complémentaires, comme les **signes de pendage** ;

– la **légende** de la carte, notamment les **cartouches colorés** figurant sur ses côtés, identifiés par des **indices** de lettres et de chiffres. Ils informent sur l'âge et la nature des ensembles cartographiés ;

– la **notice explicative** qui accompagne la carte. Elle ajoute sur la géologie de la région des *informations complémentaires importantes* et variées qui ne peuvent être figurées sur la carte.

2.1 Le cadre de la carte

Le cadre de la carte fait environ 60 cm de large sur 40 de haut, ce qui couvre à l'échelle du 1/50 000 une surface de l'ordre de 600 km^2.

Le cadre présente différentes graduations (en degrés ou en grades), de **longitude (méridiens)** et de **latitude (parallèles)**, dont certains sont tracés sur la carte. Ces repères permettent de restituer un point sur une carte à une autre échelle ou de préciser, par leur coordonnées, l'emplacement de points remarquables afin de pouvoir les retrouver : affleurement, gîte fossilifère ayant permis de dater des terrains, etc.

Des tirets, espacés de 2 cm et associés à un chiffre, déterminent le carroyage kilométrique de la projection Lambert.

Aux coins de la carte sont précisés son type de projection, l'origine du fond topographique, l'équidistance des courbes de niveau, et d'autres renseignements.

En haut à gauche de la carte sont mentionnés les noms des géologues ayant levé, coordonné et dessiné la carte (les limites de leur secteur d'étude sont parfois précisées dans un petit cartouche), celui du directeur du Service de la carte géologique, et la date de publication de la carte.

Sous la carte figure une échelle graphique des distances.

2.2 La légende de la carte

Les marges d'une carte contiennent les informations indispensables à sa compréhension, comme la **légende des terrains**. Parfois, selon les cartes, s'y ajoutent d'autres informations utiles : schéma structural, coupe…

2.2.1 Les cartouches colorés

Sur le bord gauche des **cartes au 1/50 000**, et aussi à droite si les terrains distingués sont nombreux, figurent des **cartouches** : ce sont des rectangles colorés, qui contiennent un **indice** de lettres et de chiffres. Chaque cartouche correspond à un terrain dont l'âge et parfois la nature sont notés sous le cartouche.

Les cartouches du bas de la colonne concernent les terrains plutoniques et métamorphiques du socle cristallophyllien, les roches volcaniques et filoniennes. Le haut de la colonne est consacré aux terrains sédimentaires, rangés des plus anciens en bas aux plus récents en haut.

La cartographie internationale tend à normaliser les couleurs en fonction de l'âge des terrains : bleu pour le Jurassique, vert pour le Crétacé… Ceci peut facilement être respecté sur les cartes à petite échelle, comme le millionième de la France, car les subdivisions stratigraphiques sont de longue durée et peu nombreuses.

Sur une carte au 1/50 000, il peut y avoir des subdivisions bien plus détaillées, à l'intérieur du Crétacé ou de l'Éocène, par exemple. Cette règle ne peut alors être respectée, même sur les cartes les plus récentes. Signalons aussi que des cartes contiguës peuvent avoir des couleurs différentes pour des terrains de même âge, ce qui est gênant pour faire des assemblages de cartes.

Une couleur peut être imprimée à plat (unie), ou tramée. D'autres peuvent porter des surcharges de points colorés, de tirets, voire des rayures colorées larges pour mieux les distinguer.

2.2.2 Les indices des cartouches

5 à 10 % des personnes présentent un défaut de vision des couleurs qui rend difficile de rapporter la couleur d'un secteur de la carte à un cartouche de la légende. L'**indice alphanumérique** de chaque cartouche reporté sur les secteurs colorés de la carte y remédie.

Mais l'intérêt principal des indices est de donner, sur la carte, l'âge et parfois la nature des terrains. Pour les cartes au 1/50 000, voici les règles de signification des lettres et des chiffres des indices.

a) Les indices des terrains sédimentaires

Sur le terrain, le géologue qui lève une carte reconnaît et distingue tout d'abord les terrains qu'il cartographie, **les formations**, par leur **nature (lithologie)** et leur **faciès** : calcaires massifs, grès fins, etc. En observant leur ordre de superposition, il détermine une **lithostratigraphie**, chronologie relative des formations des plus anciennes aux plus récentes.

La collecte de fossiles, déterminés par des paléontologistes, permet de dater plus ou moins précisément ces terrains dans le temps et de les placer dans une **échelle stratigraphique** subdivisée en grandes ères et périodes, puis systèmes, sous systèmes et étages (Tab. 2.1), qui sont représentés par les cartouches et leurs indices dans la légende de la carte. Dans les dernières décennies, le développement des méthodes de **datation radiométrique** (ou **radiochronologie,** ou encore **géochronologie**) telles la méthode K/Ar (potassium/argon) ainsi que du **paléomagnétisme** ont permis une connaissance de plus en plus fine de l'âge dit « absolu », en millions d'années (Ma) de ces étages stratigraphiques pour les terrains sédimentaires, et de déterminer l'âge des roches intrusives, volcaniques ou métamorphiques dépourvues de fossiles.

Pour les terrains sédimentaires plus anciens que l'ère quaternaire, la *lettre* de l'indice du cartouche correspond à un **système** ou un **sous-système** chronostratigraphique, relativement long, subdivisé lui-même en étages, par exemple :

– *k* pour le système Cambrien,

– *t* pour le système Trias,

– *j* pour les sous-systèmes Jurassique moyen et Jurassique supérieur,

– n pour le sous-système Crétacé inférieur, et *c* pour le Crétacé supérieur.

Une série attribuée sans plus de précision au cambro-ordovicien sera notée *k-o*.

Le *chiffre* de l'indice précise l'attribution du terrain à un **étage** du système ou sous-système. L'étage le plus ancien a le chiffre 1. n1, le Berriasien, est l'étage le plus ancien du Crétacé inférieur, et n6, l'Albien, le plus récent.

Une subdivision dans un étage utilise à nouveau des lettres; a est le terme le plus ancien. Ainsi, n3a et n3b sont respectivement l'Hauterivien inférieur et supérieur.

Inversement, n2-3a indique que le Valanginien et l'Hauterivien inférieur sont regroupés, ou *indifférenciés*, c'est-à-dire qu'ils ne peuvent être distingués sur le terrain.

Par des *lettres majuscules en italique*, les indices peuvent aussi refléter la **lithologie** (nature de la roche) d'une formation : j6*D* représente des dolomies du Kimméridgien (Jurassique supérieur).

L'échelle stratigraphique ne cesse d'être améliorée, et des changements ont eu lieu depuis le lever des premières cartes au 1/50 000. Le tableau 2.1 donne les notations stratigraphiques recommandées aujourd'hui par le BRGM pour l'établissement des nouvelles cartes au 1/50 000 de la France avec quelques nouveaux noms d'étages. À l'inverse, certains noms d'étages marins ou continentaux de cartes déjà publiées n'y figurent plus; nous les avons donc rappelés dans la colonne de droite.

b) Les indices des formations superficielles récentes

Les formations superficielles récentes qui masquent parfois les terrains anciens sont surtout d'âge quaternaire. Dans cette brève période de temps (1,6 Ma seulement), elles sont souvent difficiles à dater précisément. Leurs indices utilisent des *lettres majuscules*, qui correspondent au type de formation et à son mode de dépôt :

– **F** indiquent des **alluvions** déposées par les cours d'eau. Si l'on peut en distinguer chronologiquement plusieurs unités, comme dans le cas de terrasses alluviales étagées, *la plus jeune (la plus basse) a comme indice la dernière lettre de l'alphabet*. Des plus récentes aux plus anciennes, les alluvions sont donc notées Fz, Fy, Fx, Fw, même si leur âge stratigraphique réel est mal connu.

– **G** représente des **formations glaciaires** (moraines, alluvions glaciaires...) qui ne se sont formées en France qu'au Quaternaire. Elles sont indexées comme les alluvions selon leur âge relatif : G*z*, ..., G*v*, du récent vers l'ancien.

– **J** indique des **cônes de déjection,** alluvions grossières étalées en forme d'éventail au débouché des torrents, indexés comme les alluvions et dépôts glaciaires.

– **E** marque des **éboulis,** dont la nature variée est parfois distinguée : nappes ou tabliers de versants de cailloutis anguleux et blocs sur les pentes au pied de parois et versants raides de roches dures, écroulements catastrophiques au pied de parois, glissements de terrain superficiels ou en masse de formations argileuses, etc. Ils peuvent aussi être indexés.

Le plus souvent, ces formations peu épaisses (quelques mètres à quelques dizaines de mètres) ne peuvent être figurées sur les coupes géologiques. Elles peuvent compliquer la lecture des cartes où elles sont largement étendues, masquant les terrains anciens, leurs limites stratigraphiques ou tectoniques, et gêner la compréhension des structures qu'elles cachent.

Le choix de cartographier ou non des formations superficielles peu épaisses est délicat. La surface qu'elles couvrent sur une carte dépend bien sûr de leur abondance dans la région.

Mais en comparant deux cartes voisines, on note aussi des différences attribuables aux choix des géologues qui ont levé les cartes. Cela peut refléter l'intérêt variable qu'ils ont porté à ces formations ou à leur substratum, mais surtout la difficulté de fixer des critères pour leur cartographie.

c) Les indices des roches volcaniques

Les indices des roches volcaniques (ou effusives) sont des lettres grecques correspondant à leur nature pétrographique, par exemple :

β (bêta) : basalte ; ρ (rhô) = rhyolite ; α (alpha) = andésite ; τ (tau) = trachyte… L'ajout de petites lettres et la légende des cartouches permettent de distinguer des basaltes intrusifs (β*i*) pour des *necks* (cheminées) ou des *dykes* (filons), ou des nappes de tufs (α*t*) en surface. L'âge des roches est indiqué dans la légende ; les âges radiochronologiques connus sont donnés dans la notice de la carte.

d) Les indices des roches plutoniques

Les roches plutoniques, intrusives, ou de fond océanique (ophiolites), sont indexées aussi par des lettres grecques : γ (gamma), η (êta) et θ (thêta) pour les granites, les diorites et les gabbros respectivement. Différents types de granites et leurs âges peuvent être distingués dans la légende et la notice.

e) Les indices des roches métamorphiques

Signalons seulement les plus fréquents, les micaschistes et les gneiss, notés ξ (ksi) et ζ (dzéta).

f) Les autres terrains

Des couleurs, des trames ou des figurés particuliers peuvent signaler des zones de broyage tectonique (brèches, mylonites), des filons, etc. Pour que des filons soient visibles sur la carte, leur épaisseur y est très exagérée par rapport à la réalité.

2.2.3 Les indices des cartes au 1/80 000

Bien qu'elles ne soient plus éditées, les cartes au 1/80 000 sont encore utilisées, avec des règles d'indexation des terrains un peu différentes des cartes au 1/50 000.

Quelques lettres de systèmes et sous-systèmes varient, mais la légende des cartes les précise. Par contre, voici les règles particulières d'indexation chronologique dans un système, par exemple le Crétacé, **C** :

– Les *étages inférieurs* ont des *indices en chiffres romains*, décroissants du plus ancien au plus récent, comme C_{III}, C_{II}, C_I, que l'on lit : C tierce, C seconde, C prime. Chaque étage peut être subdivisé par des lettres minuscules, en indice aussi : du plus ancien au plus récent : $C_I c$, $C_I b$, $C_I a$, que l'on lit C prime c…

– Les *étages supérieurs* ont des *exposants en chiffres arabes*, croissants du plus ancien au plus récent : C^1, C^2, C^3. Chacun peut être subdivisé par des lettres en indice, du plus ancien au plus récent : C^1_a, C^2_b, C^2_c.

Lorsque des terrains sont regroupés, l'indexation va des plus récents aux plus anciens : C^1-C_{II}, ou $C^{3\text{-}1}$.

2.2.4 Les tracés géologiques

Les contours géologiques sont tracés en traits fins, parfois tiretés en cas d'incertitude. Ce sont tous les types de limites, sauf les contacts tectoniques : limites concordantes, discordantes, de formations superficielles, de terrains volcaniques, d'intrusions, de filons, etc.

Les limites tectoniques, ou accidents tectoniques, sont figurés en traits épais : ce sont les différents types de failles et les chevauchements. Lorsqu'elles sont certaines et visibles en surface, le trait est continu. Lorsqu'elles sont certaines mais masquées par des éboulis ou d'autres formations superficielles, le trait est en tireté dans les formations superficielles. Attention, cela ne signifie pas que ces dernières sont peut-être affectées par la faille. En l'absence de formations superficielles, une faille tracée en tiretés signifie qu'elle est incertaine.

Pour chaque carte, il est conseillé de vérifier dans la légende des tracés ce que signifie un contact tectonique en tireté.

2.2.5 Les signes de pendage et autres signes tectoniques

Les signes de pendage des terrains sédimentaires ne sont pas identiques sur toutes les cartes au 1/50 000 : la figure 2.1 montre les signes de pendage les plus fréquents. La forme est toujours celle d'un T ; *la direction de la barre supérieure par rapport au nord est la direction mesurée des couches* sur le terrain (direction de l'horizontale des couches, voir chapitre 3). La barre verticale du T, perpendiculaire, indique donc la ligne de plus grande pente des couches, ou direction du pendage, sa pointe étant dirigée vers le bas.

Sur bien des cartes, la valeur de l'angle de pendage n'est pas indiquée à côté du signe, ou encore les signes de pendage sont trop rares. C'est regrettable pour la précision dans les utilisations pratiques de ces documents. Pour réaliser des coupes, nous verrons qu'il faut alors connaître l'épaisseur des terrains et retrouver indirectement leur pendage en fonction de leur largeur d'affleurement (chap. 3 et 6).

Dans un vaste pli ou un monoclinal, un signe de pendage peut être significatif sur une assez grande surface. Par contre, des signes de pendage proches et variés signifient que le secteur est fortement plissé (replis) ; chaque signe de pendage n'a alors qu'une valeur locale.

Il existe un signe de pendage spécial pour les couches renversées (Fig. 2.1). Mais attention ! certaines cartes ne l'utilisent pas (voir chapitre 7, carte Séderon), et il faut être attentif à l'ordre des terrains pour voir qu'ils sont en série normale ou renversée.

Parmi les signes tectoniques, signalons aussi celui indiquant des replis trop petits pour être visibles par les contours des terrains.

D'une façon générale, la signification de tous les signes tectoniques est donnée dans la légende de chaque carte.

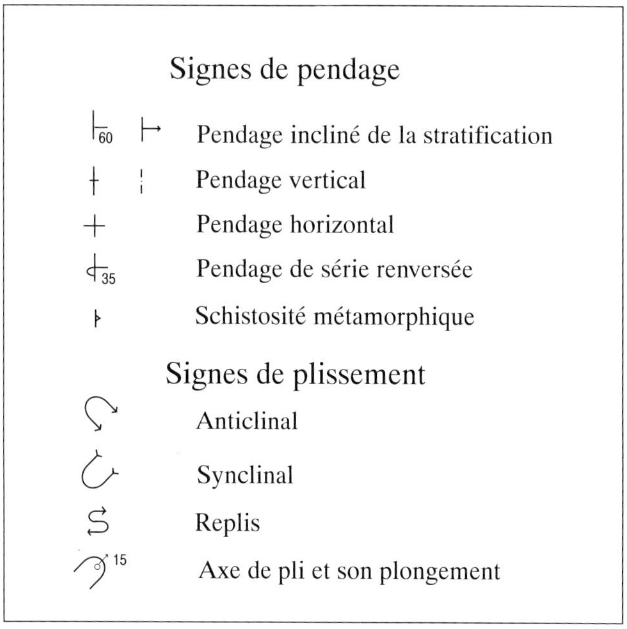

Figure 2.1.
Les principaux signes tectoniques des cartes géologiques.

2.2.6 La légende technique

La légende technique concerne essentiellement les matériaux utiles : carrières, mines, pierre de taille, sablières et gravières, localisation de forages dont les informations sont parfois données dans la notice. Des indices concernent aussi l'hydrogéologie (sources, résurgences, sources chaudes ou minérales, etc.), et d'autres ressources selon les régions.

Un signe ressemblant à un F indique les gisements fossilifères remarquables qui ont permis de dater les terrains.

2.2.7 Autres informations

Outre la légende indispensable évoquée ci-dessus, certaines cartes offrent des compléments utiles :

a) Schéma structural

Dans les régions tectonisées, cette petite carte simplifiée facilite la compréhension de la tectonique de la carte en faisant ressortir les principales structures : axes de plis, failles, chevauchements. Parfois les ensembles tectoniques, ou unités structurales, y sont distingués en couleurs.

b) Coupe géologique générale

Pour le plus grand bonheur des étudiants, une coupe peut figurer au bas de certaines cartes. Elle a pour but de donner immédiatement au lecteur une idée générale des structures, mais au voisinage du trait de coupe seulement.

c) Colonne lithostratigraphique

Parfois, une colonne lithostratigraphique représente la série des terrains, avec leur âge, leur épaisseur moyenne, leur lithologie indiquée par des figurés. Pour réaliser une coupe, cette colonne évite d'avoir à rechercher ces données dans la notice de la carte. Si la région présente deux domaines paléogéographiques avec des variations latérales d'épaisseur et de faciès des sédiments, deux colonnes peuvent être données, avec des traits de corrélation des étages entre elles. En fonction du ou des domaines traversés par la coupe, il faut prendre en compte l'une, l'autre, ou les deux colonnes.

d) Forages

Dans certaines régions tabulaires n'affleurent sur la carte qu'un ou quelques terrains. Pour informer sur les terrains plus profonds, des colonnes obtenues par des forages peuvent figurer sur le bord de la carte ou dans sa notice.

2.3 La notice des cartes

Les cartes géologiques au 1/50 000 et au 1/80 000 sont accompagnées d'un livret appelé notice, qui donne des informations souvent essentielles ne pouvant être figurées graphiquement sur la carte. Il s'agit de données collectées lors du lever de la carte, de bibliographies, de résultats d'études de laboratoire (paléontologie, minéralogie des roches, géochronologie, géochimie…) liées au lever de la carte ou de données d'autres travaux portant sur la région : forages, mines, hydrogéologie…

Les notices, d'une dizaine de pages pour les cartes relativement anciennes, peuvent atteindre 100 à 150 pages pour certaines cartes récentes. Les principaux renseignements fournis par les notices concernent les domaines suivants.

2.3.1 Présentation générale de la région

Orientée vers la géographique physique, cette partie décrit surtout les paysages de la région et son réseau hydrographique, et leurs liens avec la géologie régionale.

2.3.2 Nature, âge et épaisseurs des terrains

Cette partie de la notice est essentielle à la compréhension de la carte, et indispensable à la réalisation des coupes géologiques et des commentaires de cartes. Là sont décrits les terrains, *leurs épaisseurs, nécessaires pour construire les coupes géologiques, leurs faciès qui permettront de choisir les figurés dans les coupes.*

C'est aussi dans cette partie aussi que l'on trouve les données paléontologiques (faunes et flores fossiles) qui ont permis de déterminer l'âge (stratigraphie) des terrains sédimentaires (étages des cartouches de la légende).

Pour les roches plutoniques, volcaniques et métamorphiques, leur nature est déterminée à partir de leur minéralogie en lames minces, d'analyses chimiques, et leurs âges établis par les méthodes radiochronologiques.

2.3.3 Évolution paléogéographique et tectonique régionale

Une partie de la notice synthétise les données sédimentologiques et stratigraphiques pour reconstituer l'évolution paléogéographique régionale de l'ancien vers l'actuel : changements d'environnement (marin, continental), transgressions, régressions, émersions, discordances.

Dans les régions déformées, une partie décrit les structures tectoniques, la mise en évidence des phases tectoniques et de leurs caractéristiques : âge, nature (compression, extension) et direction des contraintes…

2.3.4 Ressources diverses

Enfin, une partie de la notice concerne la géologie appliquée. Elle traite notamment des matériaux utiles : minerais divers, charbon, pétrole, pierre de taille, granulats, sables et graviers, hydrogéologie…

Tableau 2.1.
Stratigraphie pour l'établissement de la carte géologique de la France au 1/50 000 (BRGM, 1997). Certains noms d'étages de cette échelle (4e colonne) sont récents ou nouveaux, et remplacent ceux utilisés sur les cartes déjà levées. Aussi dans la dernière colonne nous avons rappelé certains noms plus anciens de subdivisions, étages marins ou formations continentales sensiblement équivalents, car le lecteur les rencontrera sur les cartes déjà publiées.

Âge Ma	Ère	Système ou période	Étage ou série	Notation	Étage régional ou dénomination antérieure
250	PRIMAIRE	PERMIEN	Thuringien Saxonien Autunien	r3 r2 r1	
295	PRIMAIRE	CARBONIFÈRE	Stéphanien Westphalien Namurien Viséen Tournaisien	h5 h4 h3 h2 h1	Dinantien h 1-2
355	PRIMAIRE	DÉVONIEN	Famennien Frasnien Givétien Eifelien Emsien Praguien Lochkovien	d7 d6 d5 d4 d3 d2 d1	Couvinien Siegénien Gédinnien
408	PRIMAIRE	SILURIEN	Pridoli Ludlow Wenlock Llandovery	s4 s3 s2 s1	
435	PRIMAIRE	ORDOVICIEN	Ashgill Caradoc Llandeilo Llanvirn Arénig Trémadoc	o6 o5 o4 o3 o2 o1	
500	PRIMAIRE	CAMBRIEN	Cambrien supérieur Cambrien moyen Cambrien inférieur : Lénien Atdabanien Tommotien	k5 k4 k3 k2 k1	Potsdamien Acadien Géorgien
540		PROTÉROZOÏQUE	Néoprotérozoïque Mésoprotérozoïque Paléoprotérozoïque	b a2 a1	Briovérien b2 b1 Icartien
2500 4550		ARCHÉEN			

Âge Ma	Ère	Système ou période	Étage ou série	Notation	Étage régional ou dénomination antérieure
1,75	QUATERNAIRE			IV	
5,3	TERTIAIRE	PLIOCÈNE	Gélasien Plaisancien Zancléen	p3 p2 p1	Redonien, Astien. Villafranchien inférieur. Tabianien
23,8		MIOCÈNE	Messinien Tortonien Serravallien Langhien Burdigalien Aquitanien	m6 m5 m4 m3 m2 m1	Helvétien Vindobonien
33,5		OLIGOCÈNE	Chattien Rupélien	g2 g1	Stampien Sannoisien
55		ÉOCÈNE	Priabonien Bartonien Lutétien Yprésien	e7 e6 e5 e4	Marinésien+ Ludien Auversien Sparnacien= Ilerdien. Cuisien
65		PALÉOCÈNE	Thanétien Sélandien Danien	e3 e2 e1	Montien ¦ Vitrollien Garumnien
96	SECONDAIRE	CRÉTACÉ SUPÉRIEUR	Maastrichtien Campanien Santonien Coniacien Turonien Cénomanien	c6 c5 c4 c3 c2 c1	Bégudien+ Rognacien Valdonien+ Fuvélien
135		CRÉTACÉ INFÉRIEUR	Albien Aptien Barrémien Hauterivien Valanginien Berriasien	n6 n5 n4 n3 n2 n1	Vraconien Bédoulien, Gargasien, Clansayésien Urgonien Wealdien Purbeckien
154		JURASSIQUE SUPÉRIEUR	Tithonien Kimméridgien Oxfordien	j7 j6 j5	Tithonique, Portlandien MALM Argovien, Rauracien, Séquanien
175		JURASSIQUE MOYEN	Callovien Bathonien Bajocien Aalénien	j4 j3 j2 j2	DOGGER
203		JURASSIQUE INFÉRIEUR	Toarcien Pliensbachien Sinémurien Hettangien	l4 l3 l2 l1	LIAS Charmouthien ¦ Domérien, Carixien Lotharingien
250		TRIAS	Rhétien Norien Carnien Ladinien Anisien Induen Olénekien	t7 t6 t5 t4 t3 t2 t1	Keuper Muschelkalk Buntsandstein ¦ Scythien

Topographie et géologie

3

Les cartes géologiques représentent, en projection sur un plan horizontal, la disposition des formations géologiques visibles **à la surface du sol**. Il peut s'agir de formations sédimentaires stratifiées, de séries volcaniques, de masses plutoniques ou bien encore d'ensembles métamorphiques. Ces formations géologiques ont souvent été déformées au cours de leur histoire et se trouvent basculées, plissées ou recoupées par des failles. Ces informations figurent également sur la carte.

Si on sait interpréter les informations visibles à la surface du sol et transcrites sur les cartes géologiques, il est alors possible de reconstituer d'une manière assez fiable l'organisation en profondeur des formations géologiques de la partie supérieure (quelques centaines de mètres à quelques kilomètres) de la croûte terrestre.

L'interprétation des cartes géologiques consiste, pour une grande part, à concevoir une image mentale en 3D du substratum d'une région à partir de son image perçue en 2 D qui est la carte.

La carte géologique représente souvent des objets de formes assez simples qui obéissent à des règles également simples de géométrie dans l'espace, qu'il est nécessaire de rappeler. Pour simplifier, nous réduirons, dans un premier temps, les structures géologiques à des surfaces planes. Par la suite, nous nuancerons cette approximation pour aboutir à des représentations à géométrie plus réaliste mais plus complexe.

3.1 Orientation d'une surface géologique plane

Quelle que soit sa nature (limite de couche, plan de faille, schistosité…) une surface géologique plane S peut avoir une position quelconque dans l'espace : horizontale, inclinée ou verticale. Elle est repérée dans l'espace par une droite ou *direction* et un angle ou *pendage*.

3.1.1 La direction

La direction D du plan S est une droite horizontale de ce plan ; elle est repérée par rapport au Nord et définie par un angle δ ou *azimut* de D. Classiquement cet angle δ est mesuré depuis le Nord, en tournant dans le sens des aiguilles d'une montre. Les mesures étant faites à l'aide d'une boussole, c'est donc par rapport au nord magnétique (N mg) qu'est donnée cette mesure (Fig. 3.1a). Pour se référer au Nord géographique (Nord des cartes) il convient de faire une correction de la valeur de la *déclinaison* au lieu et à l'époque de la mesure ; la déclinaison est l'angle entre la direction du Nord magnétique, variable au cours du temps, et la direction du Nord géographique, qui est fixe.

3.1.2 Le pendage

Le pendage α est l'angle que fait cette surface par rapport à un plan horizontal H (surface de référence). Mesuré avec un clinomètre (système simple incorporé à la boussole et

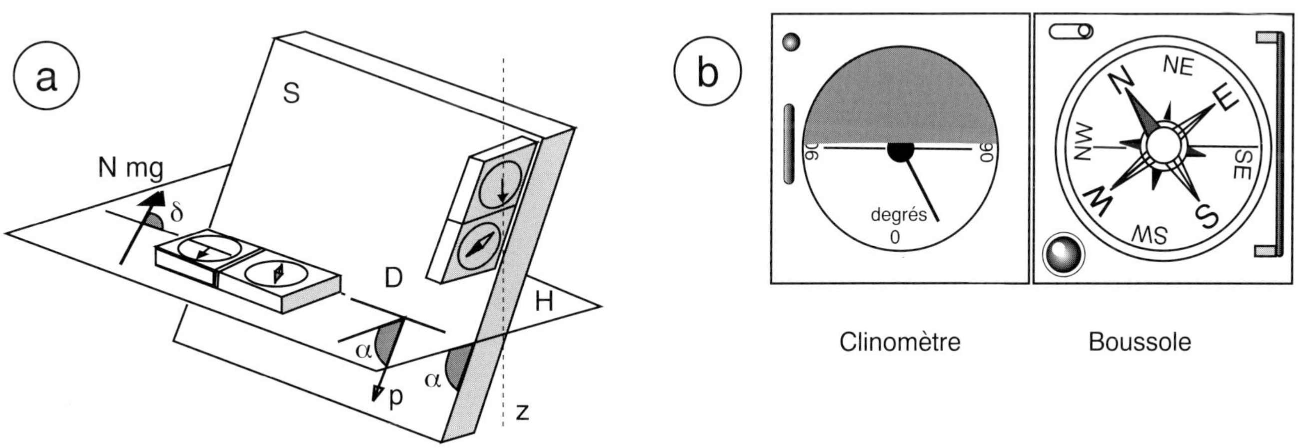

Figure 3.1.
a) Mesure de l'orientation (direction et pendage) d'une surface plane S à l'aide d'une boussole.
b) Clinomètre et boussole.

repérant la verticale Z du lieu), le pendage est donné en degrés ; sa valeur varie de 0° (pendage nul, plan horizontal) à 90° (plan vertical) (Fig. 3.1b). Outre la valeur angulaire α du pendage on définit le sens du pendage, qui peut être figuré par la ligne de plus grande pente p du plan (Fig. 3.1a). Le sens du pendage est indiqué par des lettres N, S, E, W, par références aux repères géographiques cardinaux Nord (N), Sud (S), Est (E), Ouest (W). Dans l'exemple de la figure 3.1a, le plan S, d'azimut δ (N120°) a un pendage de α° (environ 70°) au SW ; l'orientation du plan est alors notée : N120-70° SW.

3.1.3 Représentation symbolique de l'orientation d'une surface plane

Un signe en forme de **T** est utilisé sur les cartes géologiques pour indiquer l'orientation d'une surface à l'endroit où elle a été mesurée (Fig. 3.2). La barre horizontale du T représente la direction D et la barre verticale le sens du pendage (ou ligne de plus grande pente p). Le symbole en forme de T est orienté sur la carte, conformément aux mesures de terrain. La valeur α du pendage est généralement indiquée (ou devrait l'être) près du symbole. Des symboles spécifiques indiquent un pendage nul (+) ou un pendage vertical (-.-).

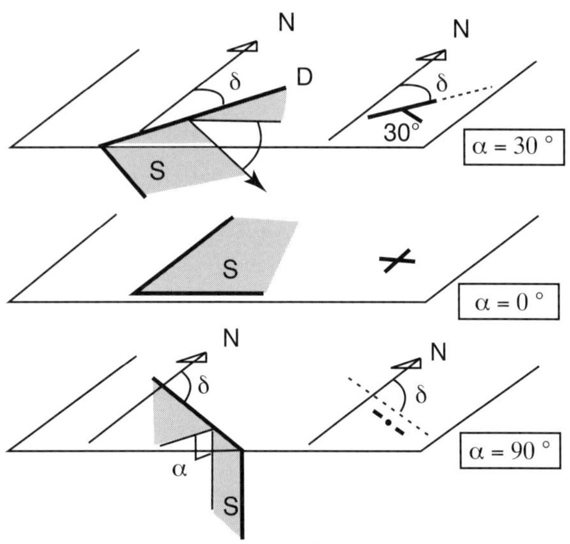

Figure 3.2.
Représentation symbolique de l'orientation d'une surface plane S (couche géologique).

3.2 Relations géométriques entre une surface géologique et la surface topographique

La ligne d'intersection **i** d'une surface géologique plane S (limite de couche, faille...) avec la surface topographique est une des informations essentielles des cartes géologiques (Fig. 3.3a). Cette ligne, de forme plus ou moins irrégulière, n'est pas quelconque mais obéit à des règles géométriques précises.

La surface topographique T est figurée par des lignes dites **courbes de niveau** n, d'altitude constante, formées par l'intersection de cette surface (réelle) avec des plans horizontaux (virtuels) régulièrement espacées, dits équidistants (voir chapitre 1).

Une surface plane S peut être définie dans l'espace, au moins de trois façons différentes (Fig. 3.3b) :

- à partir de trois points non alignés (a, b, c),
- par une droite et un point (a et D),
- par deux droites parallèles (D1 et D2).

Dans ce qui suit le plan est déterminé par ce dernier cas. Plus précisément les droites parallèles D1, D2, D3... qui définissent le plan S sont horizontales et formées par l'intersection de celui-ci avec des plans horizontaux et équidistants H1, H2, H3... Projetées orthogonalement sur un plan horizontal H0, les lignes D1, D2, D3... donnent les lignes D'1, D'2, D'3... qui sont toujours des lignes parallèles et à écartement égal (Fig. 3.4a). Leur orientation (δ) et leur écartement (**e**) sont directement fonction de l'orientation et du pendage du plan S dans l'espace. On voit que plus le pendage du plan S est faible, plus l'écartement (e) des droites D est grand (Fig. 3.4b) ; il est infini pour un pendage nul (α = 0°) et nul pour un pendage vertical (α = 90°).

Si, dans notre construction (Fig. 3.5), on choisit comme plans de référence les plans horizontaux équidistants qui génèrent les courbes de niveaux, on remarque que la trace (**i**) d'un plan **S** avec la surface topographique n'est rien d'autre que la ligne joignant les points d'intersection des courbes de niveau et des horizontales (**h**) de même altitude. Cette relation géométrique montre que l'*on peut déduire la trace d'intersection d'un plan d'orientation connue avec une surface topographique donnée et inversement que l'on peut déduire l'orientation d'un plan à partir de sa trace d'intersection avec une surface topographique*.

Pour illustrer cette importante relation, prenons une surface topographique simple en forme de vallée en V entaillant un plateau horizontal et une surface plane S, de pendage variable α (Fig. 3.6). On remarque que, lorsque la surface S est horizontale (α = 0), sa trace t est parallèle aux courbes de niveaux (1). Si la surface S est inclinée, sa trace t est plus ou moins infléchie au passage de la vallée (2 et 3), où elle dessine un **V.** La pointe du V est topographiquement plus basse que ses branches. Son angle est plus ou moins ouvert selon la valeur du pendage ; il est grand, quand le pendage est fort et il est petit, quand il est faible. On note également que l'ouverture de l'angle est directement fonction du sens de pendage du plan : l'ouverture de la trace 2 est vers le Sud, car le

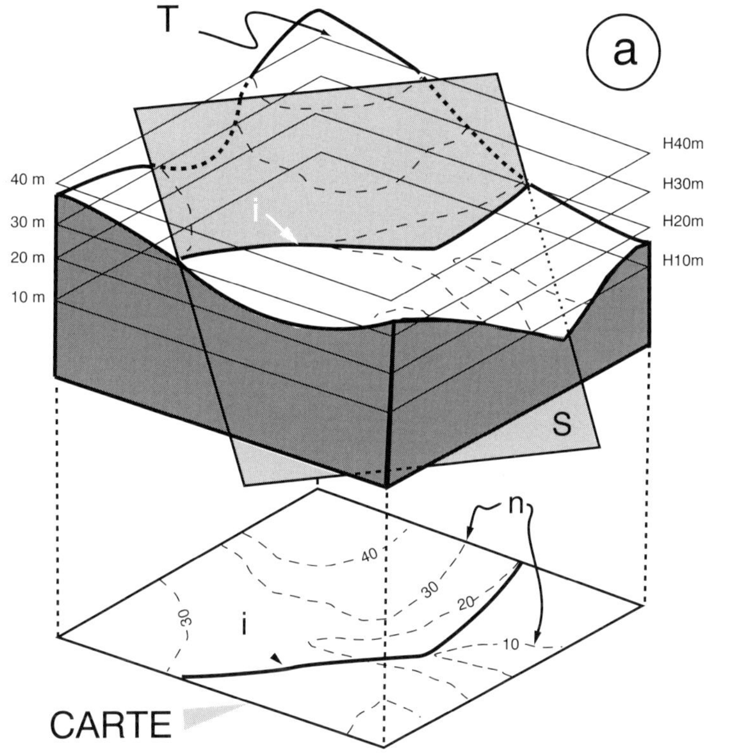

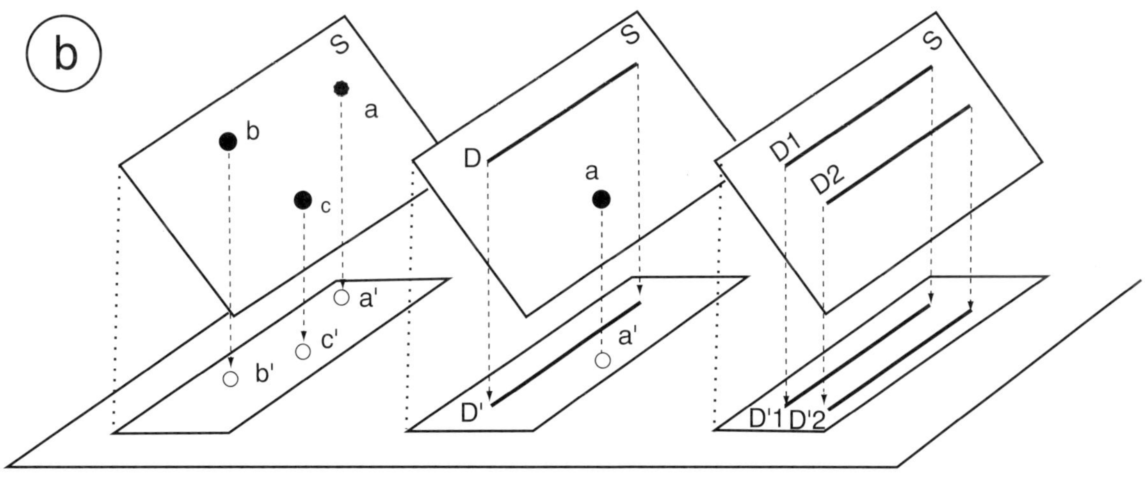

Figure 3.3.
a) Intersection d'une surface géologique (S) avec une surface topographique (T) : vue en trois dimensions et en carte.
b) Définition d'une surface plane en géométrie dans l'espace.

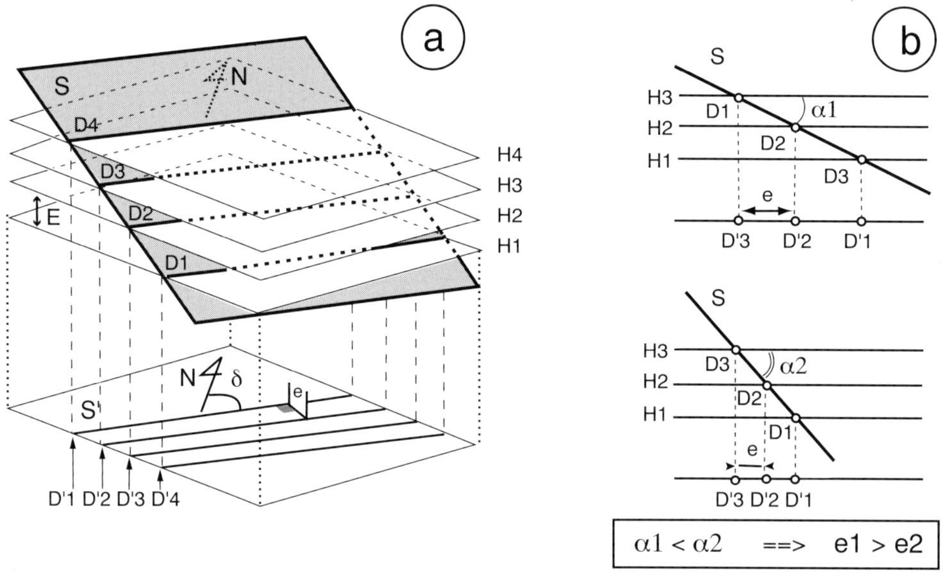

Figure 3.4.
Intersection d'une surface (S) avec des plans horizontaux équidistants (H) : détermination du réseau d'horizontales direct (Rh) et projeté (Rh') de cette surface S.
a) vue dans l'espace,
b) vue en coupe montrant la variation de e en fonction de α.

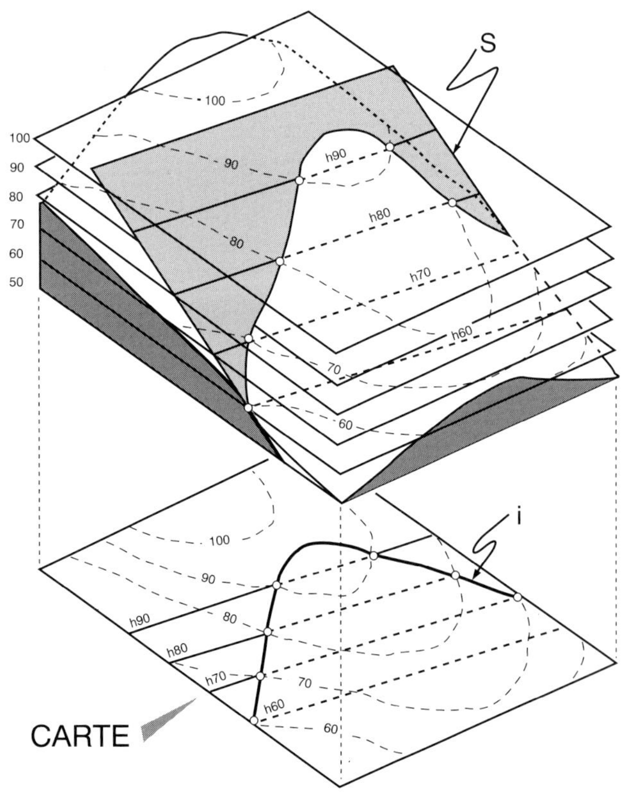

Figure 3.5.
Réseau d'horizontales du plan S : vue dans l'espace et en carte.

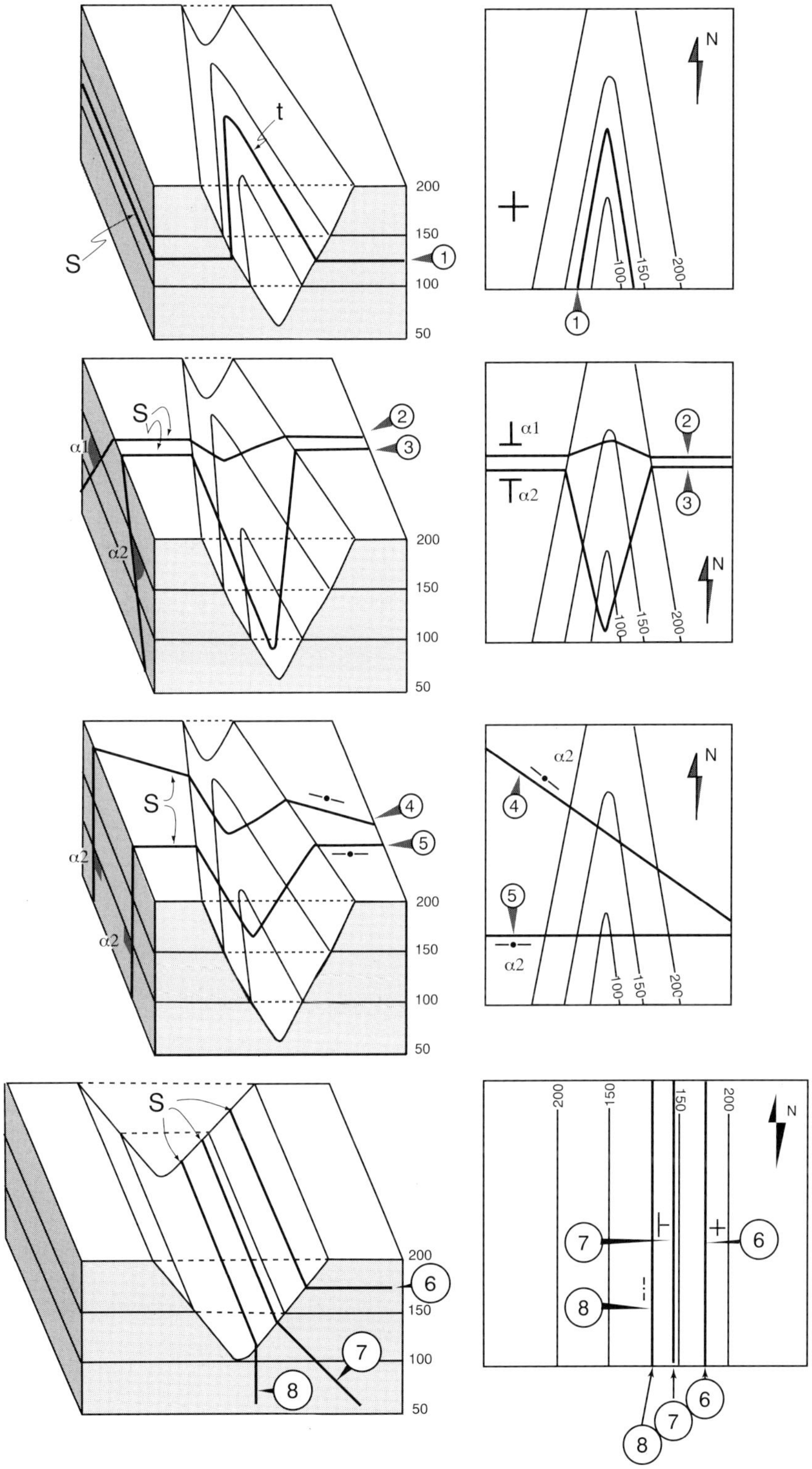

Figure 3.6.
Exemples d'intersections de surfaces planes (S) de pendage variable, avec une topographie de vallée ; vues dans l'espace (à gauche) et en plan (à droite).

pendage du plan 2 est vers le Nord ; l'ouverture de la trace 3 est vers le Nord, car le pendage du plan 3 est vers le Sud. Enfin, si le pendage est vertical (4 et 5), la trace t est rectiligne et orientée selon la direction du plan P.

Cette notion de **V dans les vallées** permet de faire une estimation rapide du sens et de la valeur du pendage des limites de couches et des plans de failles figurées sur toutes les cartes géologiques. Cette notion est bien sûr applicable à des topographies de crêtes à la place de vallées, mais le raisonnement est simplement inversé en raison de la forme en Λ de la trace géologique. L'application de cette notion est d'autant plus fiable que la direction du plan étudié est perpendiculaire à l'axe de la vallée ou de la crête prise en considération, mais elle est inutilisable lorsque celle-ci est parallèle à cet axe car une même géométrie des traces peut correspondre à des plans de pendages différents (6,7 et 8).

3.3 Notion des « trois points »

Afin de généraliser les propriétés géométriques précédentes on peut utiliser la construction suivante.

Sur la trace **t** du plan dont on veut déterminer le pendage, on repère **trois points** A, B et C, dont deux au moins sont d'altitudes différentes (l'altitude étant déterminée grâce aux courbes de niveaux). À partir des relations géographiques et altimétriques qui lient ces points, il est aisé de « visualiser » le plan auquel ces trois points appartiennent. Pour faciliter cette visualisation on peut tracer le triangle qui les joint (Fig. 3.7a).

On peut également choisir sur les trois points de la trace t, deux ayant même altitude (A et B, Fig. 3.7b). La droite joignant ces deux points est une horizontale du plan étudié. Son orientation par rapport au Nord (angle δ) indique la direction D du plan. La position du troisième point, par sa position géographique et sa cote vis-à-vis des deux autres points, indique le sens du pendage du plan. Dans l'exemple donné, le point C, d'altitude inférieure (cote 100 m) par rapport à A et B, est situé au SW de l'horizontale AB ; le plan dont on voit la trace aux points A, B et C a donc un pendage vers le SW. Le symbole de pendage en forme de **T** précise cette orientation.

3.3.1 La détermination précise du pendage

La valeur précise du pendage d'un plan (limite de couche ou faille) peut être obtenue à l'aide de la construction suivante.

On choisit sur la trace t du plan étudié des points A et C de même altitude (ici 200 m), par lesquels on trace la droite D1 (Fig. 3.8). Cette droite D1 est une horizontale du plan dont elle nous indique la direction D. Toujours sur la trace du plan, on repère un troisième point (B), d'altitude différente (ici 100 m), par lequel on trace une droite D2 parallèle à la droite D1. Cette droite D2 est une deuxième horizontale du plan ; son altitude est connue grâce à l'altitude de la courbe de niveau qu'elle intersecte (point B). À partir de ces deux droites on construit un triangle rectangle dont la base **Eq** est égale à la différence d'altitude qui sépare ces deux droites (la longueur du segment Eq est à l'échelle de la carte).

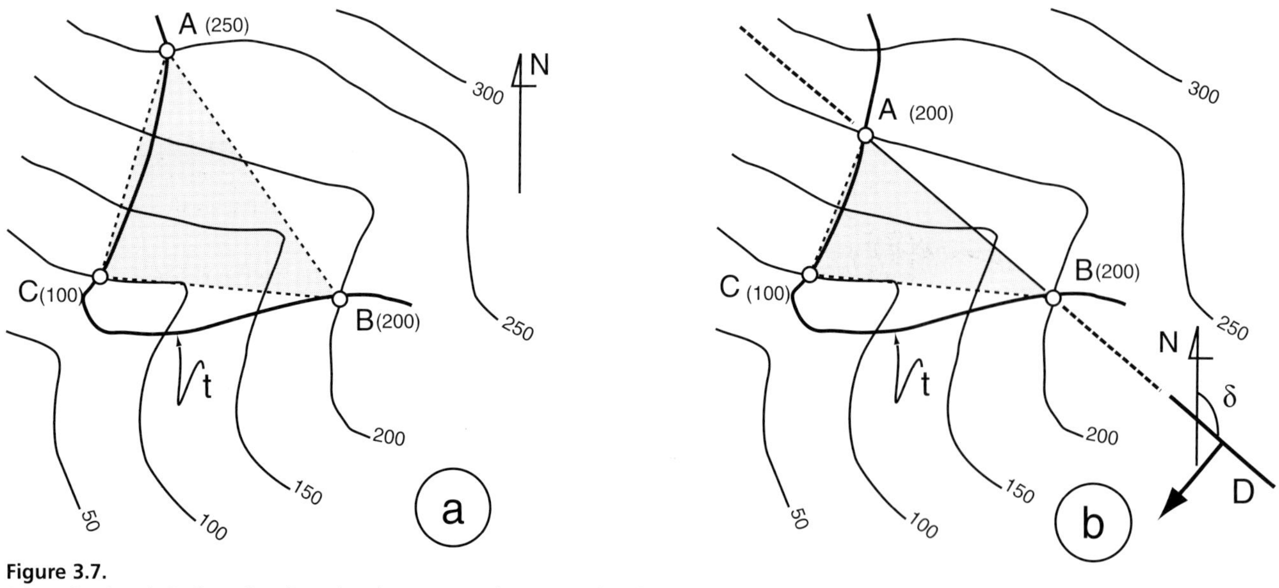

Figure 3.7.
Détermination de l'orientation d'un plan de trace t par la construction des « trois points ».
a) visualisation du plan (triangle grisé) ;
b) construction du symbole de pendage du plan.

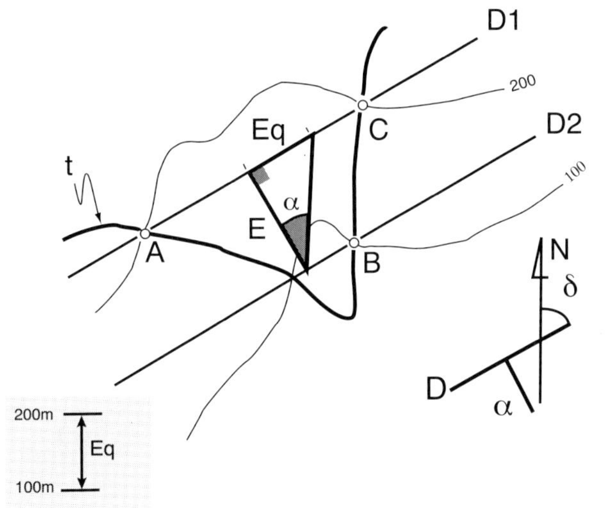

Figure 3.8.
Détermination précise de la valeur du pendage du plan.

Perpendiculairement aux droites D1 et D2, on trace ensuite le segment **E** (qui est l'écartement des horizontales) et on termine le triangle en traçant son hypoténuse (Fig. 3.8). L'angle α, opposé au segment Eq, est le pendage du plan dont on connaît la trace t. Cet angle est mesuré directement sur la construction ou déduit de sa tangente.

3.3.2 Pendage réel et pendage apparent

La mesure du pendage d'un plan peut être faite dans diverses sections de celui-ci. Seul le pendage α mesuré dans un plan vertical, orthogonal à la direction D du plan (V1,

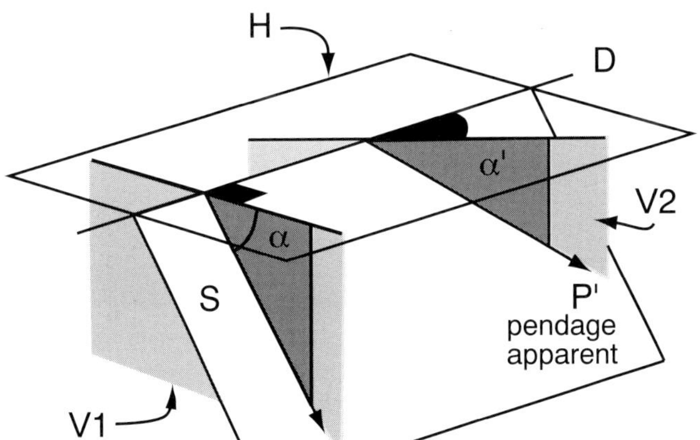

Figure 3.9.
Distinction entre pendage réel et pendage apparent d'un plan.

Fig. 3.9), correspond au **pendage réel** ou **pendage vrai.** Tous les autres pendages tels que α′, mesurés selon des sections d'orientation différente (V2, par exemple), sont des **pendages** dits **apparents** (Fig. 3.9).

3.4 Du plan aux couches

3.4.1 Notion de surfaces d'affleurement

Les formations géologiques qui sont représentées par des surfaces d'affleurement sur les cartes géologiques sont, en réalité, des volumes dont les coupes, faites selon un plan vertical, donnent un aspect de leur organisation.

S'agissant des formations sédimentaires, il existe des relations géométriques étroites et directes entre l'épaisseur des couches (mesurée sur le terrain), leur pendage et la forme de la surface topographique où elles affleurent. La **surface d'affleurement** d'une couche correspond à l'intersection de celle-ci avec la surface topographique.

La carte étant la projection sur un plan horizontal de la surface topographique qui est généralement une surface gauche, plus ou moins inclinée, il n'y a pas de correspondance exacte entre la surface réelle des objets couchés sur la surface du sol et leur surface sur la carte. On doit donc distinguer les surfaces apparentes représentées sur les cartes, des surfaces réelles mesurées par exemple par le géomètre, sur le terrain. Ainsi la surface apparente (de la carte) est donc le plus souvent plus petite, éventuellement égale à la surface réelle (du terrain), mais jamais plus grande.

En coupe on remarque, pour la même raison, que la largeur d'affleurement réelle (**lo**) ou apparente (**lc**) d'une couche donnée, d'épaisseur **ep**, est fonction du pendage (α) de la couche et de la valeur (α′) de la pente topographique (Fig. 3.10a). On note ainsi que :

– lorsque le pendage α d'une couche d'épaisseur **ep**, est constant, sa largeur d'affleurement apparente **lc** est d'autant plus petite que la pente topographique α′ est forte (Fig. 3.10b) ;

– pour une surface topographique de pente donnée α′ fixe, une couche d'épaisseur fixe **ep** sera représentée par des largeurs d'affleurements réelles et apparentes différentes (Fig. 3.10c) ; la largeur d'affleurement apparente **lc** sera égale à l'épaisseur de la couche lorsque le pendage est vertical ;

– enfin, une couche d'épaisseur **ep** peut avoir la même largeur d'affleurement réelle **lo** et apparente **lc** tout en ayant un pendage très différent : position 1 et pendage **α1** et position 2 avec le pendage **α2** (Fig. 3.10d).

En corollaire :

– Si l'on connaît le pendage α d'une couche on peut déduire son épaisseur **ep**, à la condition que le pendage soit

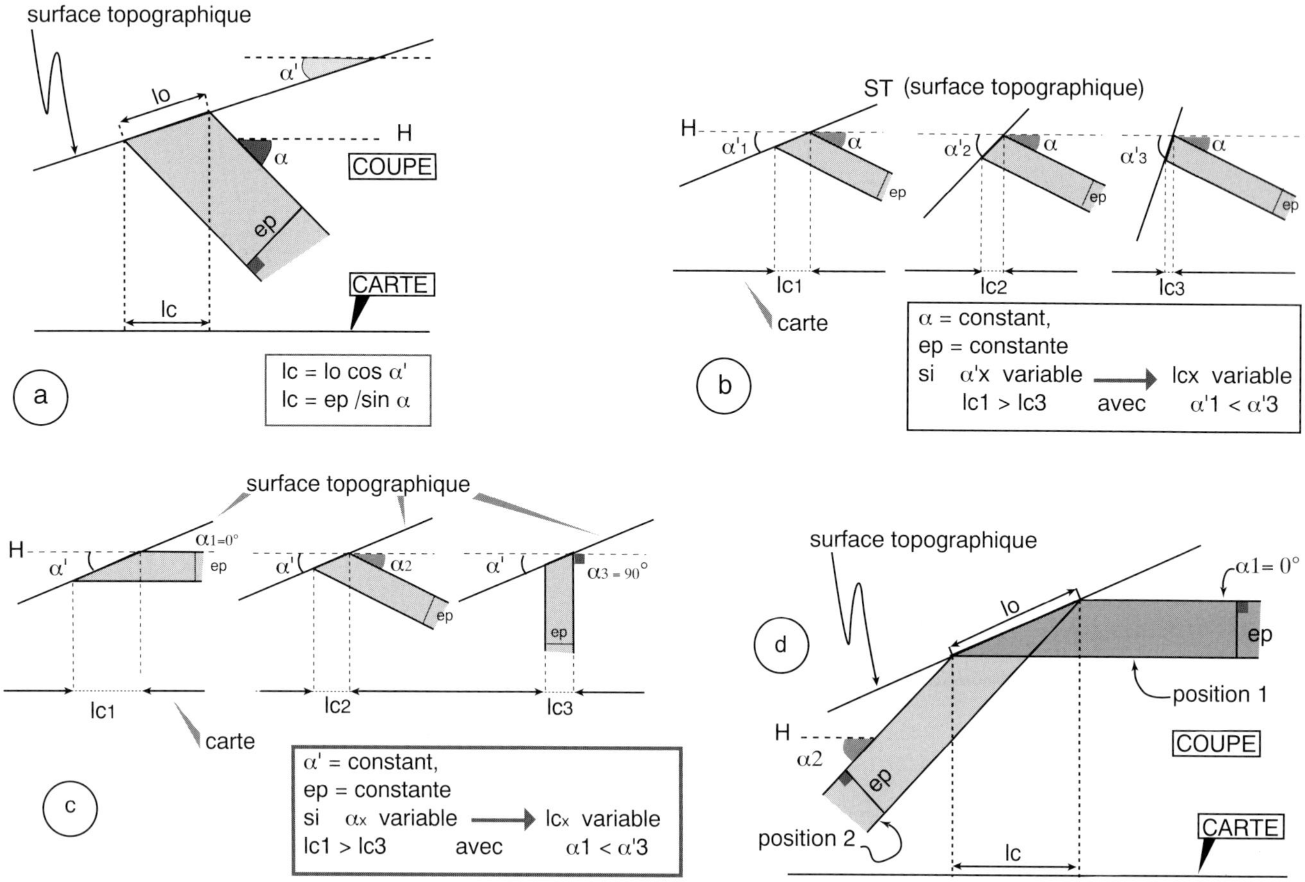

Figure 3.10.
a) Notion de largeur d'affleurement réelle (lo) et apparente (lc) d'une couche.
b) Influence de la pente topographique (α') sur la largeur apparente (lc) d'une couche.
c) Influence de la valeur du pendage (α) d'une couche sur sa largeur d'affleurement (lc).
d) Ambiguïté de pendage d'une couche d'épaisseur ep et de largeur d'affleurement lo (et lc).

constant sur toute la largeur d'affleurement considérée (Fig. 3.11a). La construction de la couche en coupe se fait en traçant, à la limite supérieure **s** et inférieure **i** de la trace d'affleurement **lo**, les droites **Ds** et **Di** de pendage α.

– Si on connaît l'épaisseur **ep** d'une couche et seulement le sens de son pendage (méthode des trois points, *cf.* supra), on peut en déduire la valeur de ce pendage (Fig. 3.11b).

La construction de la couche en coupe est la suivante : par le point **s**, trace du sommet de la couche sur la surface topographique, on trace un arc de cercle de rayon **ep** (ep : épaisseur de la couche) (a, Fig. 3.11b) ; par le point **i**, trace de la base de la couche, on dessine la tangente **Di** à l'arc de cercle (b, Fig. 3.11b). Par **s** on trace la parallèle **Ds** à **Di** ; Ds représente le sommet de la couche. Le pendage de la couche dès lors figurée peut être connu par sa mesure directe sur la coupe (c, Fig. 3.11b).

3.4.2 Variations du pendage sur une même surface d'affleurement

Il est courant, dans les régions déformées, que le pendage d'une couche varie le long de sa trace d'affleurement. Deux cas peuvent se présenter :

– les variations sont indiquées par différents signes et valeurs de pendage (carte, Fig. 3.12a) ; l'épaisseur des couches étant connue, on constate que plusieurs tracés de couches sont possibles (coupe, Fig. 3.12a) ;

– un seul signe de pendage est indiqué (carte, Fig. 3.12b) ; l'épaisseur des couches étant connue, plusieurs tracés de couches sont ici aussi possibles (coupe, Fig. 3.12b).

Ces deux exemples montrent qu'une coupe n'est qu'une interprétation de la réalité ; celle-ci peut être approchée avec des données complémentaires telles que des données de forages, de profils géophysiques, etc.

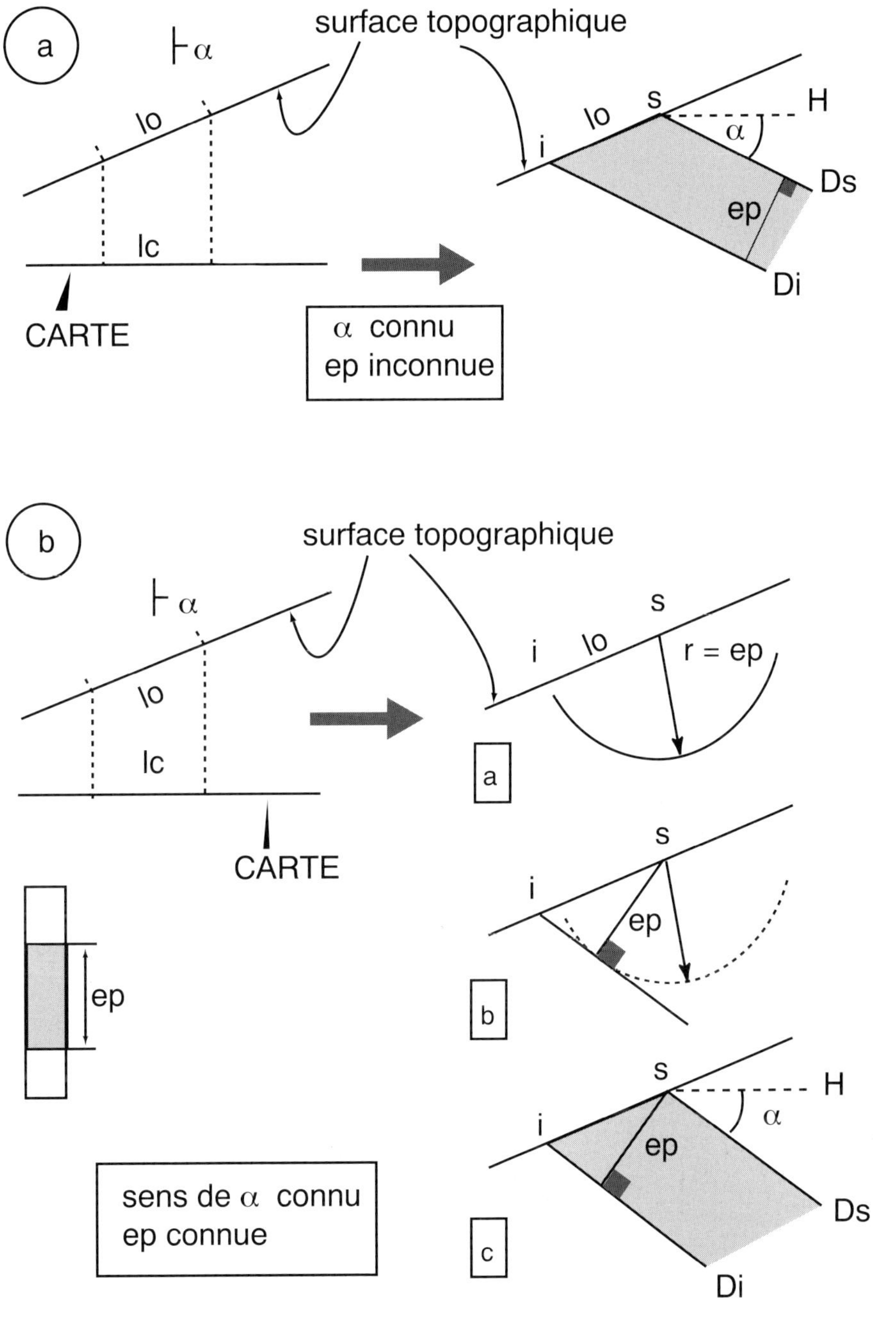

Figure 3.11.
a) Construction d'une couche de pendage (sens et valeur) connu (α) et d'épaisseur inconnue.
b) Construction d'une couche d'épaisseur connue, de sens de pendage connu mais de valeur de pendage inconnue.

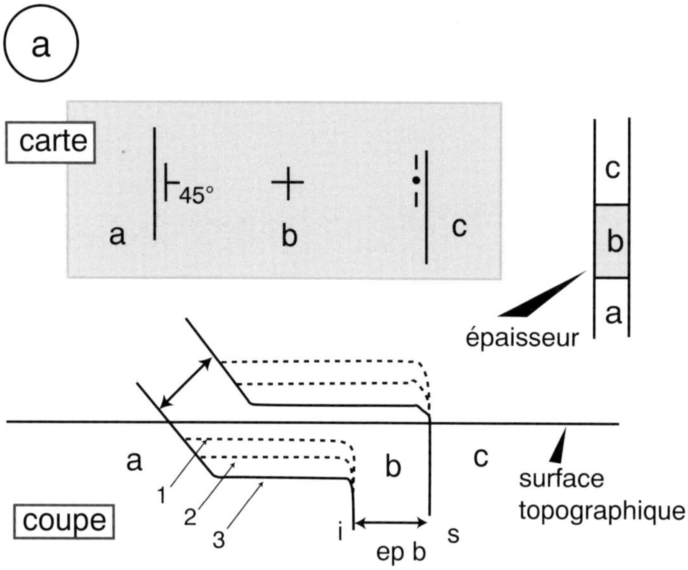

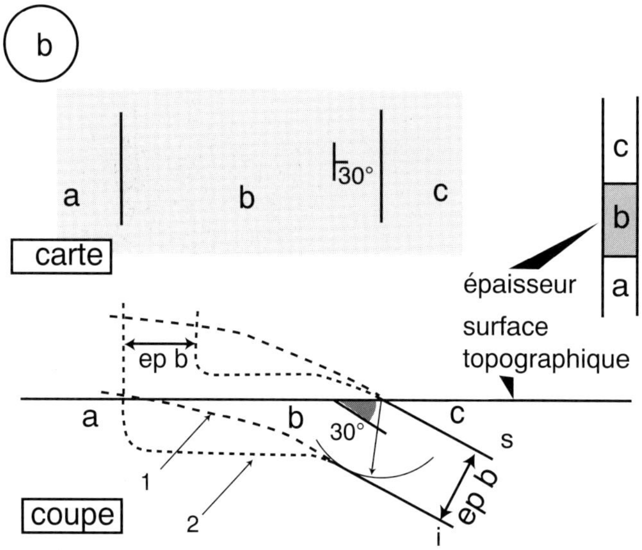

Figure 3.12.

a) Construction d'une couche montrant des variations de pendage le long d'une largeur d'affleurement.

b) Exemple de dualité de construction de couche dans une coupe géologique.

Exercices d'application

La lecture d'une carte géologique, c'est-à-dire la compréhension de la structure de la région qu'elle couvre, est un exercice compliqué qui nécessite de prendre en compte un nombre important de données.

La coupe géologique est le moyen « classique » de représenter cette structure, mais elle ne la visualise que sur une section verticale et locale de la carte.

Afin de « lire » la totalité de l'information indiquée sur la carte géologique, nous proposons, en complément à la réalisation de coupes, une méthode d'apprentissage à la lecture directe des cartes géologiques. L'acquisition de cette lecture « globale » se fait à l'aide d'exercices graphiques spécifiques.

Ces exercices ont pour but de faire comprendre, sur des exemples simples, les relations géométriques qui lient l'orientation des surfaces (direction, pendage) figurant des éléments géologiques (limite de couches, failles...) et leur intersection avec une surface (topographique) de forme quelconque et d'acquérir ainsi un « automatisme réfléchi » de la lecture des cartes géologiques.

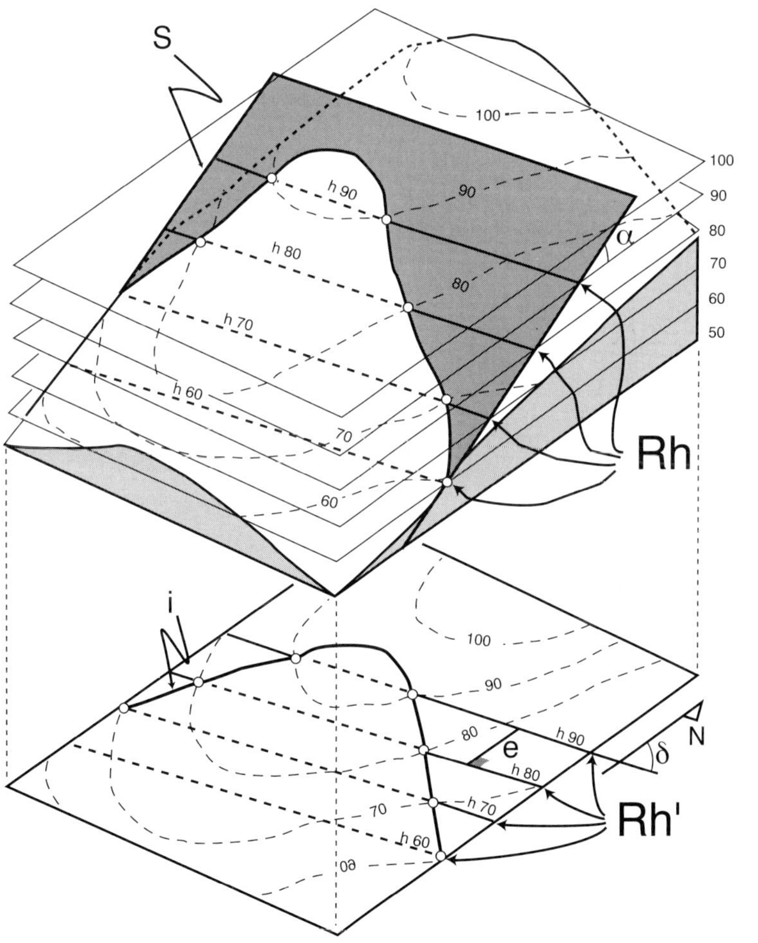

Figure 3.13.
Représentation du réseau d'horizontales (Rh) d'une surface S, recoupant selon la trace i, la surface topographique; Rh' représente le réseau d'horizontales projeté sur la carte.

Ces exercices comportent :

– un fond topographique en courbes de niveau ;

– des données géologiques ponctuelles identiques à celles rencontrées sur le terrain (traces d'affleurements, limites de couches, failles...), des données de subsurface comme par exemple celles fournies par des forages (nature, âge, épaisseur des couches traversées...) ;

– des données plus générales telles que des coupes géologiques ou des profils géophysiques (sismiques).

Principe de la méthode

Toutes les surfaces géologiques (limites de couches, failles...) sont assimilées à des plans ou à des portions de plans. Ceux-ci sont caractérisés par leur attitude (direction et pendage). Sur les principes géométriques élémentaires précédemment décrits, nous avons vu que tout plan pouvait être représenté par un réseau d'horizontales (Rh) dont les altitudes (cotes) sont choisies identiques à celles des courbes de niveaux de la surface topographique ; autrement dit l'équidistance et les cotes des horizontales sont les mêmes que celles des courbes de niveaux (Fig. 3.4a, 3.5).

Projetées sur le fond cartographique les horizontales du plan analysé forment un réseau (**Rh'**) de droites parallèles et équidistantes – appelé **réseau d'horizontales** – dont l'orientation, par rapport au Nord, indique la direction (δ) du plan, tandis que leur écartement (**e**), indique la valeur du pendage (α) ; le sens du pendage est directement déduit de la variation des cotes des horizontales (Fig. 3.13).

• *La première étape* de la réalisation de ces exercices est la recherche et la construction du réseau d'horizontales (Rh') de la surface S étudiée.

Plusieurs types de données permettent de faire cette construction ; ce sont généralement des traces d'affleurements de faible extension, des résultats de forages ou de galeries de mines.

• *La deuxième étape* consiste à reconstituer la trace des diverses surfaces géologiques à l'aide de leurs réseaux d'horizontales.

▶ Cas de la trace (t) d'une surface S, sur laquelle, parmi trois points d'altitude connue, deux ont la même altitude (Fig. 3.14a)

Par les deux points de même altitude (points a et b, Fig. 3.14), on trace la droite ab ; cette droite est une horizontale du réseau d'horizontales (Rh'). Sur la figure c'est l'horizontale d'altitude 300 m ou h300. A et B symbolisent les terrains séparés par la trace t.

On cherche ensuite, toujours sur la trace t, un troisième point (c) d'altitude différente, situé à l'intersection avec une courbe de niveau différente de la précédente (point c, Fig. 3.14c). Par c on trace une droite parallèle à ab : c'est une deuxième horizontale du réseau Rh' (ici l'horizontale h250). Le réseau d'horizontales qui caractérise le plan S, dont on ne connaît qu'une petite portion de la trace, est alors complètement déterminé en direction (orientation des horizontales) et en écartement e (distance entre les horizontales) (Fig. 3.14d) ; on peut le dessiner sur l'ensemble de la carte où l'on suppose que ces caractéristiques sont inchangées.

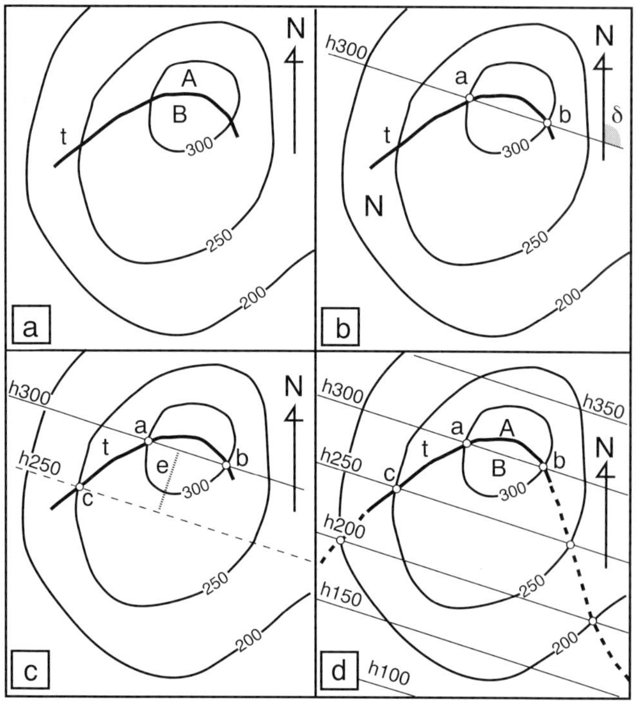

Figure 3.14.
Construction de la trace d'un plan à partir de trois points, dont deux ont la même altitude.

La trace (t) du plan S avec la surface topographique peut alors être étendue à l'ensemble de la carte, en repérant systématiquement toutes les intersections d'horizontales et de courbes de niveaux de même altitude (Fig. 3.14d). La trace complète du plan est obtenue en joignant ces divers points d'intersection, sachant qu'entre deux horizontales successives (par exemple entre les horizontales h200 et h250) la trace t ne peut se trouver qu'entre les courbes de niveaux correspondantes (200 et 250).

▶ Cas où la trace t du plan S ne possède pas de points de même altitude (Fig. 3.15)

Le réseau d'horizontales (Rh') est déterminé de la manière suivante.

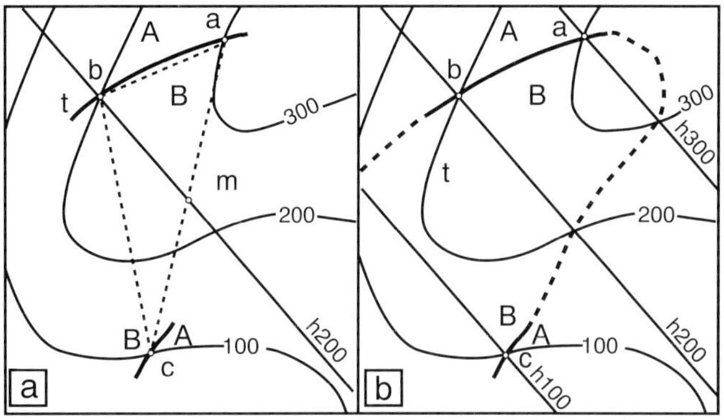

Figure 3.15.
Construction de la trace d'un plan à partir de trois points d'altitudes différentes.

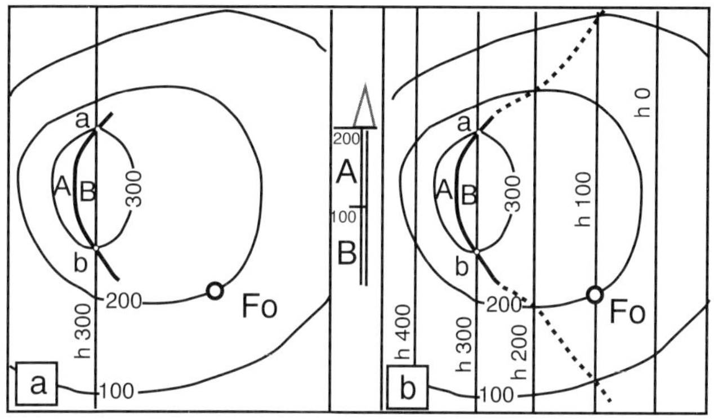

Figure 3.16.
Construction de la trace d'un plan à partir de deux points et de données de forage.

On construit le triangle abc passant par les points intersections a, b et c de la trace t et des courbes de niveaux 100, 200 et 300.

Du point d'altitude intermédiaire (ici b : 200 m) on trace la médiane bm (Fig. 3.15a) : elle correspond à l'horizontale h200 du réseau d'horizontales. Parallèlement à celle-ci, on trace les horizontales h300 passant par a et h100 passant par c (Fig. 3.15b). Puis le réseau est dessiné sur l'ensemble de la carte.

La construction de la trace t du plan S est alors faite comme précédemment.

▶ Cas où la trace du plan S n'a que 2 points d'altitude connue (ici de même altitude)

Cette donnée cartographique est complétée par des données de forage (Fo) (Fig. 3.16).

La direction du réseau d'horizontales (Rh′) est déterminé par la droite ab (Fig. 3.16a ; h 300 m).

La lecture des données du forage nous renseigne sur l'altitude à laquelle le forage intersecte la surface S limitant les terrains A et B. Ainsi est déterminée la deuxième horizontale de Rh′ (h100, Fig. 3.16b).

Le réseau Rh′ peut être alors étendu à toute la carte et la trace de t dessinée dans sa totalité (Fig. 3.16b).

▶ Cas où la trace t du plan S n'intersecte qu'une courbe de niveau, mais où une mesure de pendage a été réalisée (Fig. 3.17)

Le symbole de pendage nous indique la direction du réseau d'horizontales : la première horizontale du réseau (h200) passe par a et est tracée parallèlement à la direction figurée par le symbole de pendage (Fig. 3.17b).

Sur la base de cette première horizontale on construit le « triangle (bcd) de pendage » du plan (*cf.* Fig. 3.8) : ce triangle est rectangle ; sa base Eq correspond à l'équidistance des courbes de niveau (ici 100 m) et l'angle opposé au côté Eq correspond au pendage (α). Pour construire ce triangle, il suffit de porter à partir du point b de position quelconque sur h200, la normale (db) à celle-ci ; par c, situé à une dis-

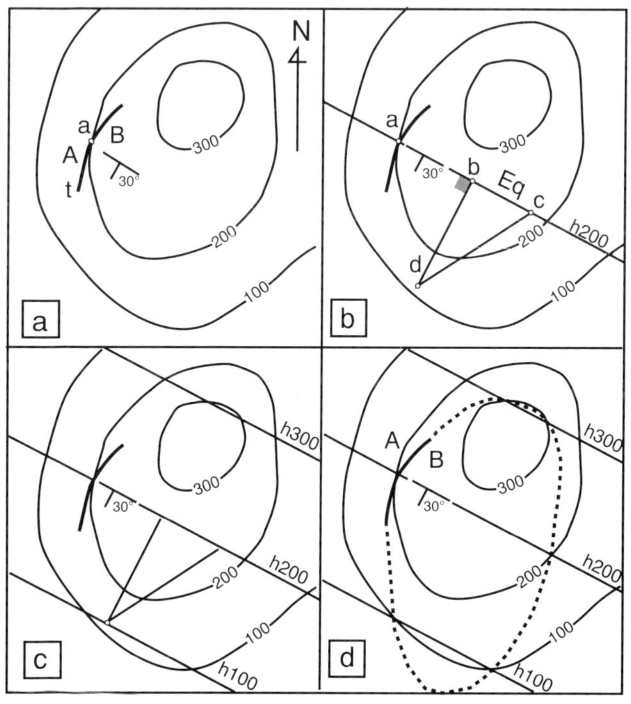

Figure 3.17.
Construction de la trace d'un plan à partir d'un point et d'une mesure de pendage.

tance Eq de a sur l'horizontale h200, on trace le segment cd, qui fait un angle $\Pi/2 - \alpha$ avec bc. Par d on trace la parallèle à l'horizontale h 200; son altitude est h – Eq (ici : h100) (Fig. 3.17b). On obtient alors la deuxième horizontale du réseau d'horizontales (Fig. 3.17c).

Ce réseau est ensuite étendu à toute la carte et la trace de t est dessinée dans sa totalité (Fig. 3.17d).

De nombreux autres cas peuvent être envisagés selon que l'on connaît ou non, pour une surface, la valeur du pendage et diverses autres données. On peut également résoudre graphiquement de tels exercices avec des données uniquement de subsurface, par exemple la description des données de trois forages proches.

Exemples de réalisation d'exercices graphiques

Affleurements localisés de deux séries monoclinales discordantes

• **Les données**

Les affleurements de deux séries sédimentaires différentes B et C sont repérés sur le terrain et reportés sur la carte. Un forage (Fo) a été réalisé dans la partie ouest de la carte. Il a traversé les couches B3 et B2 et est arrêté dans B1 ; le résultat du forage est indiqué (Fig. 3.18a). La série C est plus jeune que la série B.

• **La construction**

Le réseau de la série C : la direction des horizontales est donnée par la trace de la base de C1 (points a et b) (Fig. 3.18a). Tracer l'horizontale de la base de C1 150; par c, parallèlement à celle-ci passe l'horizontale C2/C1 200 (Fig. 3.18b).

Le réseau de la série B : la direction des horizontales est obtenue sur la trace de B3/B2. L'horizontale B3/B2 passe par d et e (Fig. 3.18c). La même limite est recoupée dans le forage à l'altitude 100 m (Fig. 3.18e). Le réseau de la série B est alors défini. La limite B2/B1 est déduite du forage par décalage du réseau de – 150 m (Fig. 3.18d).

L'ensemble de la carte géologique peut alors être reconstitué. On note que la base de C1 est nettement discordante sur la série B (Fig. 3.18d).

• **Recherche de la direction et du pendage des séries B et C.**

Les directions δB et δC des séries B et C sont mesurées sur la carte, par rapport à la direction du Nord. Le pendage est obtenu par la construction du « triangle de pendage ». Celui-ci a pour côté Eq (valeur de l'équidistance à l'échelle de la carte), e (l'écartement des horizontales) ; le pendage α est alors mesuré sur la carte ou déduit de la valeur de sa tangente ($\tan \alpha = Eq/e$).

Reconstitution d'une carte géologique à partir de deux coupes orthogonales

• **Les données** (Fig. 3.19, haut).

Deux coupes géologiques AB (E-W) et AC (N-S) et un fond topographique nu. Les coupes montrent deux séries sédimentaires stratifiées (niveaux 1, 2, 3, 4 et 5). La série 1, 2, 3, 4 est monoclinale, à faible pendage vers le SE; la série 5 est horizontale. Sa base est discordante (D). Une faille (F) à pendage NW, à jeu à composante normale, affecte les deux séries.

• **La construction** (Fig. 3.19, bas).

a) *Le tracé de la faille* : sur les coupes EW et NS on repère les points a et a' (cote 50 m) et b et b' (cote 150 m) ; après report sur la trace des coupes, on obtient les points ao, a'o, bo et b'o. En joignant ao à a'o et bo à b'o, on obtient les horizontales 50 et 150 du plan de faille. L'horizontale 100 m se déduit facilement et le tracé de la faille peut être dessiné sur la carte (Fig. 3.19 bas).

b) *Le tracé de la série 5* : celle-ci étant horizontale son intersection avec la surface topographique est à une altitude constante (environ 210 m) dans le compartiment Est et sa trace suit approximativement le contour de la courbe de niveau 200 m. Dans le compartiment Ouest, elle est toujours horizontale mais à l'altitude 110 m.

c) *Le tracé de la série monoclinale 1, 2, 3 et 4* : pour trouver son réseau d'horizontale, on repère sur les coupes des points d'une même limite et d'altitude identique; par exemple e et e' (150 m) et f et f' (100 m) de la surface limite 2/1 (base de la couche 2 et sommet de la couche 1). La droite joignant les projections eo et e'o donne la direction des horizontales. La parallèle à eo, e'o passant par lo donne une deuxième horizontale. Le réseau est alors étendu à toute la carte. Les cotes du réseau sont décalées pour chaque limite de couche. On recherche systématiquement les intersections des courbes de niveau et des horizontales de même altitude pour chaque limite de couche. On joint les points successifs pour obtenir le tracé géologique correspondant.

• **Conseils**

Il faut commencer par tracer les couches ou séries les plus récentes.

Pour préciser le tracé on utilise des horizontales et des courbes de niveau intermédiaires.

• **Recherche de la direction et du pendage de la série 1, 2, 3.**

Le pendage est obtenu par construction du « triangle de pendage » ; la direction est repérée par l'angle δ par rapport au Nord.

Pendage et direction de la faille. Ces valeurs sont obtenues de la même façon que pour des couches (*cf.* supra) ; on remarque que les pendages sur les coupes sont des pendages apparents; seul le pendage mesuré orthogonalement aux horizontales est exact (pendage vrai).

Rejet de la faille. Le décalage vertical de la série 5 est de 100 m.

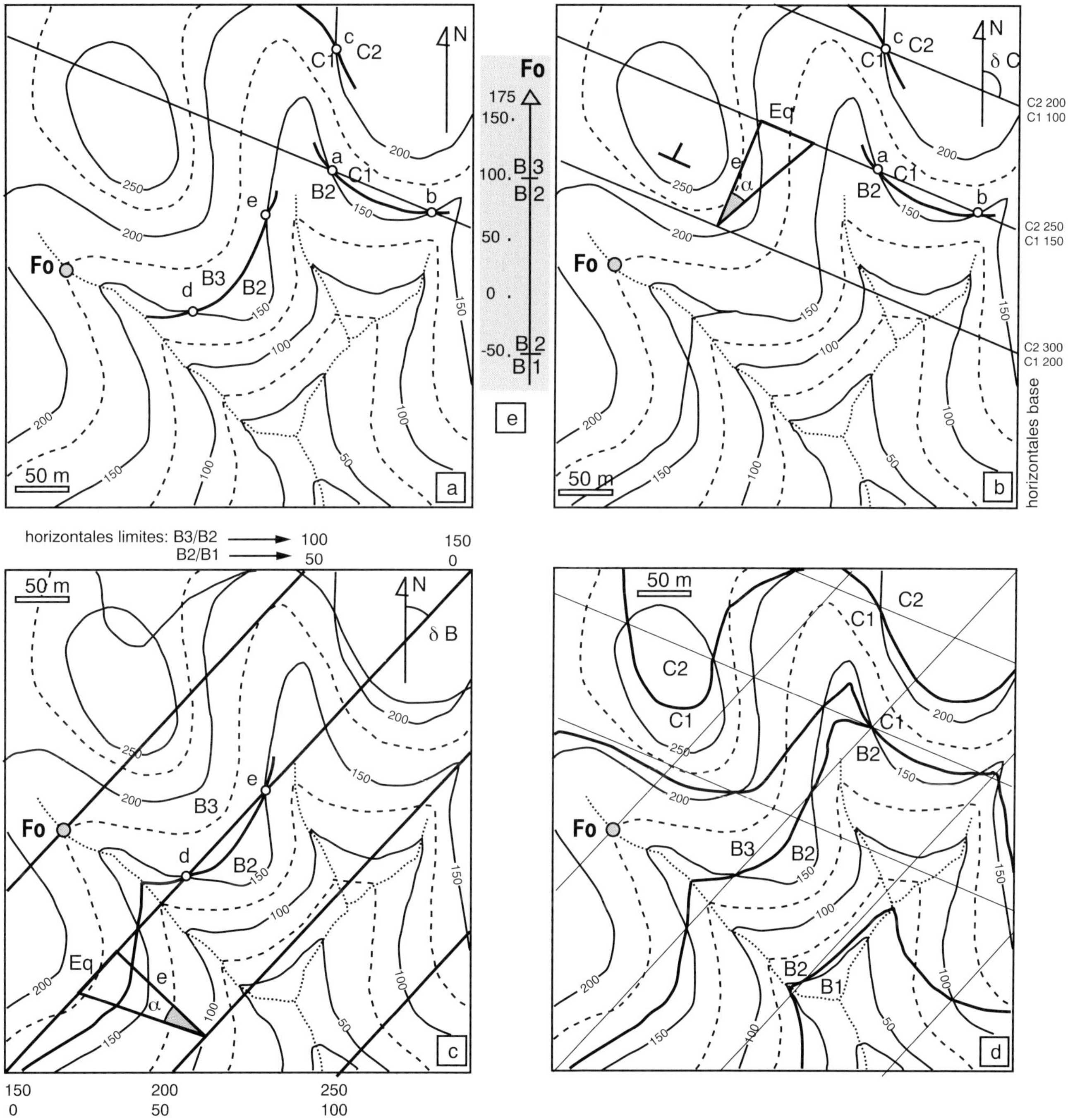

Figure 3.18.
Exemple de construction utilisant les principes des horizontales des plans : cas de deux séries sédimentaires monoclinales discordantes.

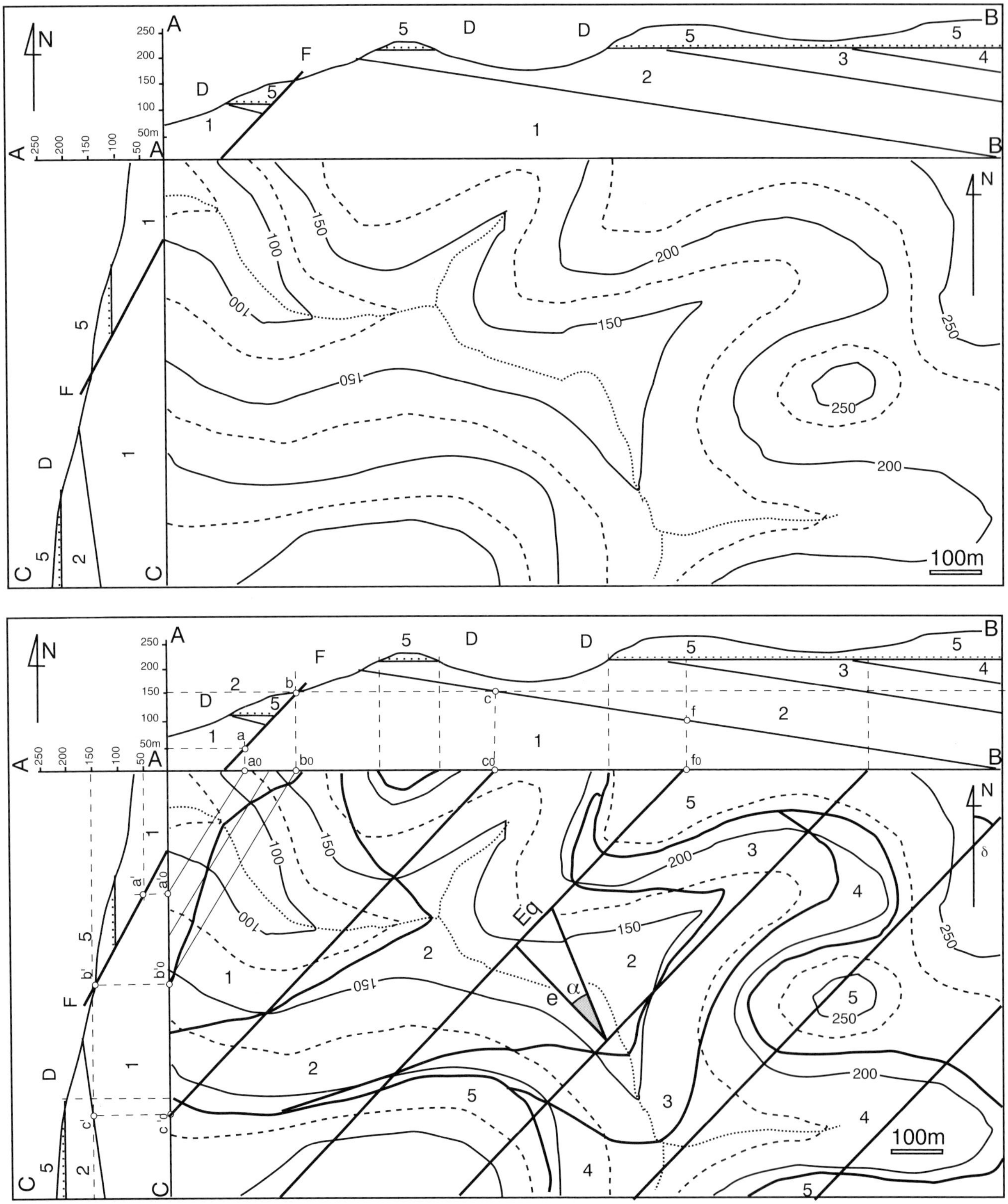

Figure 3.19.
Exemple de construction à partir de deux coupes géologiques orthogonales.

Les principales structures géologiques

4

4.1 Les structures tabulaires et monoclinales

4.1.1 Définition

Dans certaines régions, les couches sont disposées horizontalement les unes au-dessus des autres, dans leur position originelle. Ces régions ont une **structure tabulaire** (Fig. 4.1a). Lorsque la direction et le pendage des couches sont constants et réguliers, la **structure** est dite **monoclinale** (Fig. 4.1b). Enfin si les couches sont verticales et leur direction constante, il s'agit d'une région à **structure monoclinale verticale** (Fig. 4.1c). Le passage rapide, en quelques dizaines ou centaines de mètres, d'une structure tabulaire à une structure monoclinale est appelé **flexure** ou parfois **pli monoclinal** (Fig. 4.1d).

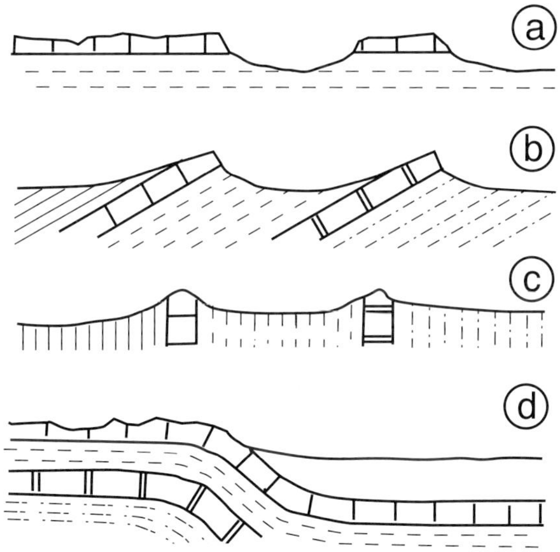

Figure 4.1.
Exemple de structures tabulaires et monoclinales.

4.1.2 Expression cartographique des structures tabulaires et monoclinales

La carte (Fig. 4.2) représente une région formée d'une succession de couches de direction N-S, dont le pendage varie d'Ouest en Est : le pendage est nul ($\alpha = 0°$) à l'Ouest, il est incliné vers l'Est au centre et il est vertical ($\alpha = 90°$) à l'Est. Ces variations de pendage s'expriment clairement sur la carte dans le tracé des couches :

– lorsque les couches ont un pendage nul, leurs limites suivent le contour des courbes de niveau ;

– lorsque les couches ont un pendage incliné, leurs limites montrent des inflexions en forme de « V » au passage des vallées et en forme de Λ au passage des crêtes (*cf.* chap. 2). La valeur de l'angle des « V » dans les vallées varie, d'Est en Ouest, en fonction de la valeur de l'angle α : il est aigu à l'Ouest et au centre, où le pendage des couches est faible (20-40°) ; il est obtus à l'Est, où le pendage est plus fort (50-80°) ;

– lorsque les couches ont un pendage vertical, leurs limites ne sont pas infléchies au passage des vallées ou des crêtes, mais restent rectilignes, quelle que soit leur direction.

4.1.3 Relation entre morphologie et structure

Sur la carte de la figure 4.2 on remarque que les formes du relief sont liées à la nature des couches et à leur orientation (notamment leur pendage).

À l'Ouest, un relief tabulaire forme un **plateau**, à l'avant duquel une **butte témoin** a été dégagée par l'érosion ; le rebord Ouest de ce plateau, qui correspond au front principal d'érosion des couches, est appelé **cuesta** (ou côte). Ce relief est directement lié à la structure tabulaire et à la nature résistante à l'érosion de la couche armant le plateau.

À l'Est, le relief est sous la dépendance de la **structure monoclinale** des couches les plus résistantes à l'érosion. Il est constitué d'une succession de collines asymétriques, (la pente des versants Est, de même sens que le pendage des couches, est plus faible que la pente des versants Ouest) et alignées selon la direction des couches (N-S). Enfin à l'extrémité Est de la carte, où les couches sont verticales, les collines sont symétriques.

4.2 Les structures plissées

4.2.1 Définition

Les régions soumises à des forces en compression se déforment parfois en se plissant, créant ainsi des structures de forme concave et convexe au détriment des surfaces initialement planes (empilement de couches des séries sédimentaires, schistosités ou foliations des séries métamor-

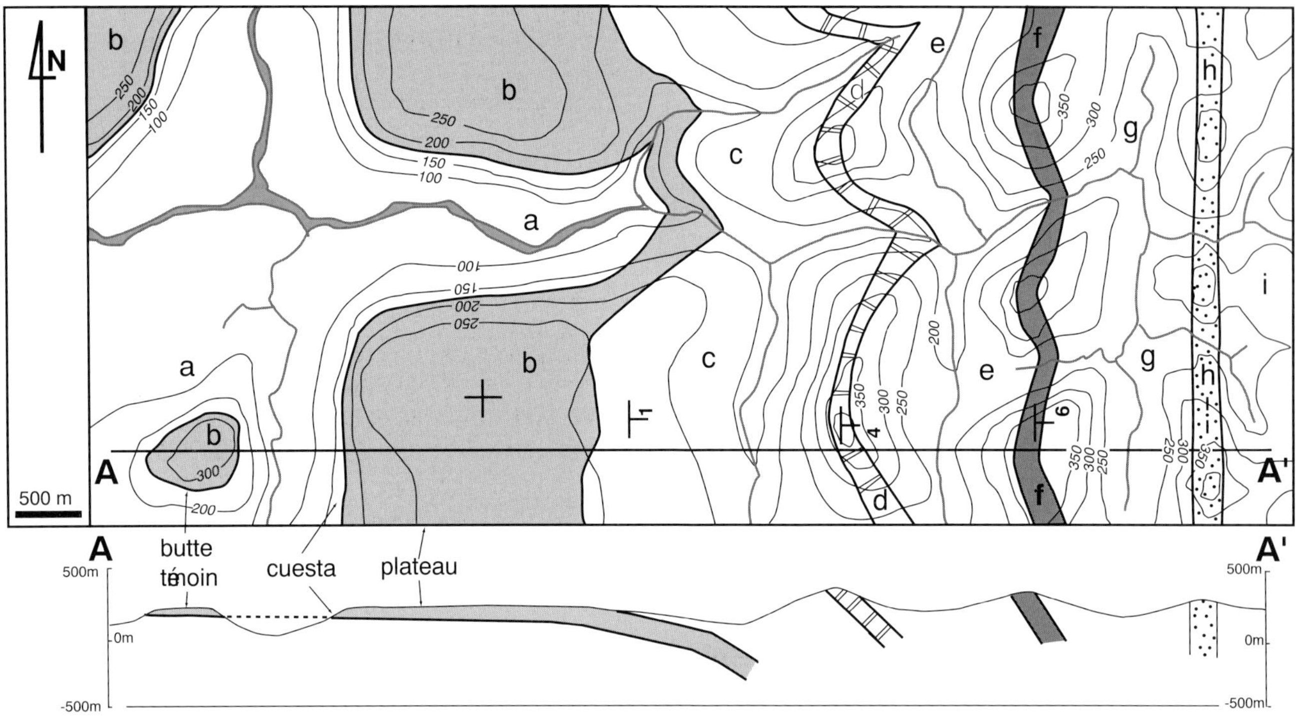

Figure 4.2.
Structures tabulaires et monoclinales : carte et coupe schématiques.

phiques etc.). De telles structures sont des **plis** (Fig. 4.3). Ces plis, appelés **anticlinaux** (structure courbe à concavité *vers le bas*) et **synclinaux** (structure courbe à concavité *vers le haut*), indiquent que la déformation des roches s'est faite de manière continue et hétérogène. Un pli est défini géométriquement par son **axe** (lieu de déformation maximum), de part et d'autre duquel se trouvent les **flancs** (portion de couche plus ou moins plane entre un axe anticlinal et synclinal). Le lieu des axes de pli d'un ensemble de couches déformées détermine sa **surface axiale**, plus couramment appelée **plan axial** (Fig. 4.3). Le pendage du plan axial (PA) permet de décrire la **vergence** du pli, opposée au sens de pendage du plan axial. Selon la valeur du pendage du plan axiale, sont classiquement définis les plis droits ($\alpha_{PA} = 90°$), les plis déjetés ($90° > \alpha_{PA} > 60°$), les plis déversés ($60° > \alpha_{PA} > 0°$) et les plis couchés ($\alpha_{PA} = 0°$) (Fig. 4.3).

4.2.2 Expression cartographique des structures plissées

L'Ouest de la région représentée sur la carte de la figure 4.4 est affecté de plis anticlinaux (à pendages divergents) et synclinaux (à pendages convergents), d'axe N-S. Tout à l'Ouest, l'anticlinal (point coté 552) est peu serré (flancs à pendage faible, d'environ 30°) et droit (pendage des flancs identique et donc à plan axial vertical). Le long de la vallée qui recoupe orthogonalement l'anticlinal, affleurent de

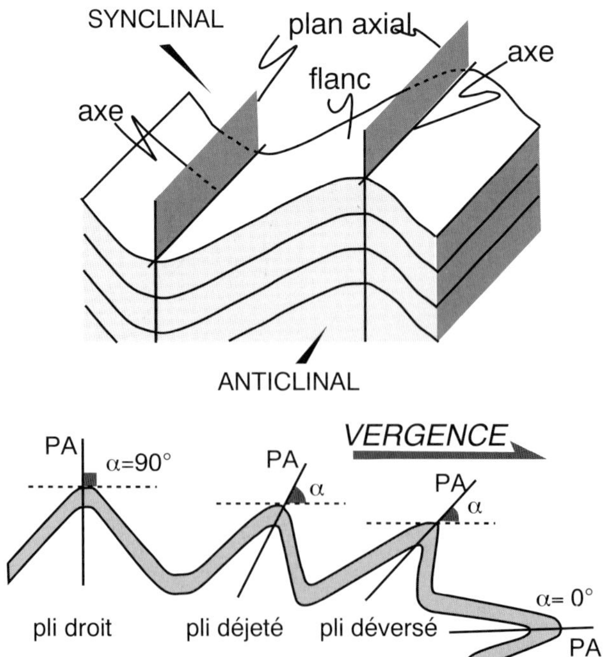

Figure 4.3.
Structures plissées : terminologie.

manière symétrique les couches les plus anciennes (b). Le synclinal et l'anticlinal situés plus à l'Est sont dissymétriques (pendage du flanc Ouest plus fort que celui de l'Est) : ils sont déjetés vers l'Ouest. Le synclinal du point coté 613, dont le flanc Est est vertical, se raccorde à un anticlinal fortement érodé, où affleurent les terrains les plus anciens (a) de la région.

Dans la partie Est de la carte, anticlinaux et synclinaux sont franchement déversés vers l'Ouest; au niveau du point coté 632, le flanc oriental du synclinal formé de terrains (d), a ses couches renversées. Des failles inverses (F1 et F2), à pendage Est, recoupent les flancs des plis déversés. La faille F1, qui traverse la carte du Nord au Sud, est plus importante que la faille F2, localisée au cœur de l'anticlinal le plus à l'Est.

4.2.3 Relation entre morphologie et structure

Morphologiquement, le relief de la région Ouest est conforme, c'est-à-dire qu'aux anticlinaux correspondent des reliefs hauts (crêtes, monts...), tandis qu'aux synclinaux correspondent des reliefs bas (vallées, combes...). Le synclinal et l'anticlinal médians sont déjà fortement attaqués par l'érosion et leur flanc forme un relief remarquable (crête) dans le paysage (point coté 252).

4.3 Les structures faillées

4.3.1 Définition

Lorsqu'une région, soumise à des efforts tectoniques, se déforme en se cassant et lorsqu'il se produit un déplacement le long de cette cassure, on est en présence d'une **faille.** Le mouvement d'une faille est toujours défini de manière relative. On se réfère à la disposition des **compartiments** (terrains séparés par la faille) par rapport à la géométrie du plan de faille, pour définir les différents types de failles.

Pour toute faille non verticale, le compartiment situé au-dessus de la faille est appelé le **toit** et celui qui est situé au-dessous, le **mur** (Fig. 4.5a). Lorsque, le long d'une faille, le toit *est descendu* par rapport au mur, la faille est dite **nor-**

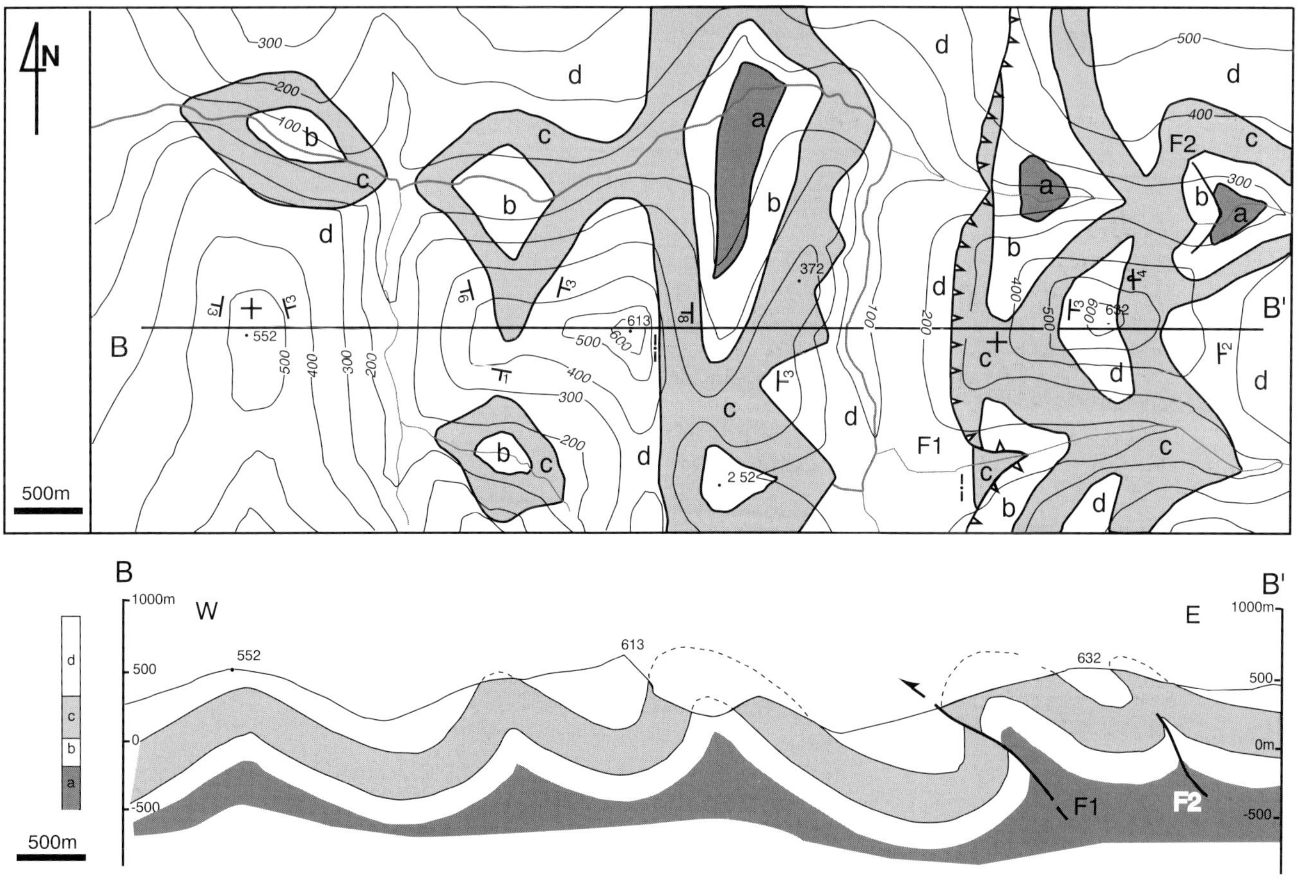

Figure 4.4.
Structures plissées : carte et coupe schématiques.

male ; si le toit *est monté* par rapport au mur, la faille est **inverse** (Fig. 4.5b). Dans ces deux types de failles, le mouvement de la faille s'est fait dans le plan vertical. En revanche si le mouvement de la faille s'est produit dans le plan horizontal, la faille est dite **décrochante** et son jeu est **dextre** ou **senestre** selon le mouvement relatif des compartiments vis-à-vis de l'observateur situé sur la faille (Fig. 4.5c).

La détermination du type de faille (normale, inverse ou décrochante) se fait à l'aide de **repères r** décalés par le mouvement de la faille ; les couches des séries sédimentaires sont les repères les plus usuels. La connaissance exacte du **rejet** (quantité de déplacement des blocs limités par la faille) est généralement difficile : souvent, on ne peut déterminer que le **rejet apparent** dans le plan vertical ou horizontal d'observation. Les divers types de failles traduisent des conditions de déformation différentes : les failles normales indiquent une tectonique en extension, les failles inverses une tectonique en compression, les failles décrochantes une tectonique de coulissement.

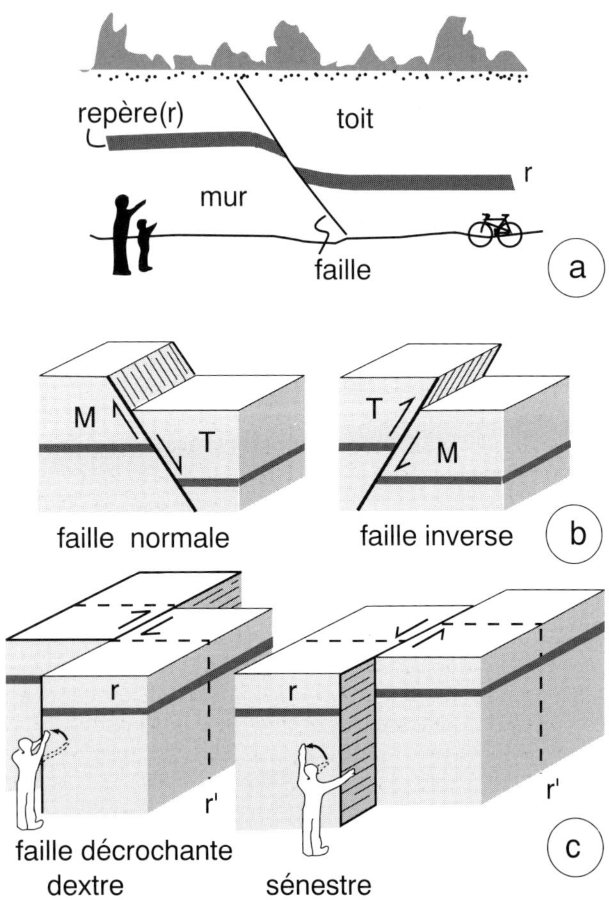

Figure 4.5.
Failles : terminologie.

4.3.2 Expression cartographique des structures faillées

On reconnaît sur une carte la trace d'une faille par son trait qui est plus épais que celui des autres limites géologiques ; lorsque l'existence de la faille est incertaine ou supposée, sa trace est en tirets. La nature d'une faille (normale, inverse ou décrochante) est définie si on connaît l'orientation du pendage de la surface de faille – ce qui permet de situer le compartiment représentant le toit et le mur – et si on connaît l'âge relatif des terrains du toit et du mur (Fig. 4.6).

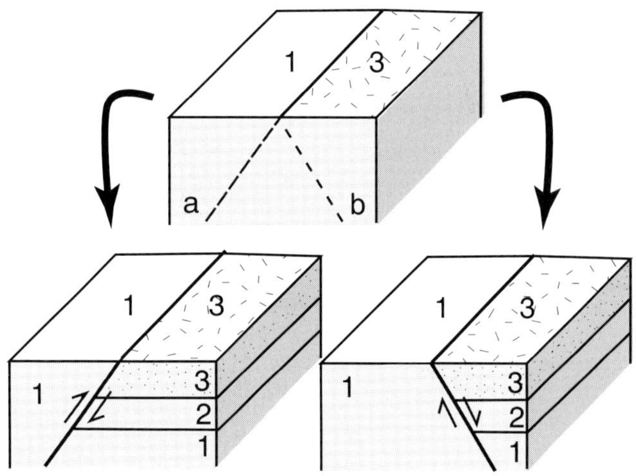

Figure 4.6.
Failles : distinction entre faille normale (à droite) et faille inverse (à gauche).

Le décalage cartographique d'un niveau repère au contact d'une faille s'interprète avec précautions, car il existe de vrais et de faux décalages. La figure 4.7 montre l'influence de l'inclinaison d'une surface repère et du jeu d'une faille sur le décalage de sa trace. L'exemple choisi est celui d'un pli anticlinal érodé recoupé par une faille inclinée : dans les cas (a) et (b), les décalages du niveau repère sont de faux décalages horizontaux et sont associés à des mouvements verticaux de la faille ; seuls ceux du cas (c) sont significatifs d'un jeu décrochant.

On note que les largeurs d'affleurement des compartiments Est (IE) et Ouest (IW) sont différentes dans les deux premiers cas et identiques dans le dernier.

La région représentée sur la figure 4.8 est recoupée par des failles de type très différent.

À l'Ouest, les failles F1 et F2 sont à pendage opposé (orientation opposée du V de leur trace dans la vallée) ; la faille F1 a un pendage vers l'Est et la faille F2, vers l'Ouest. Le pendage de la faille F1 est plus fort (angle du

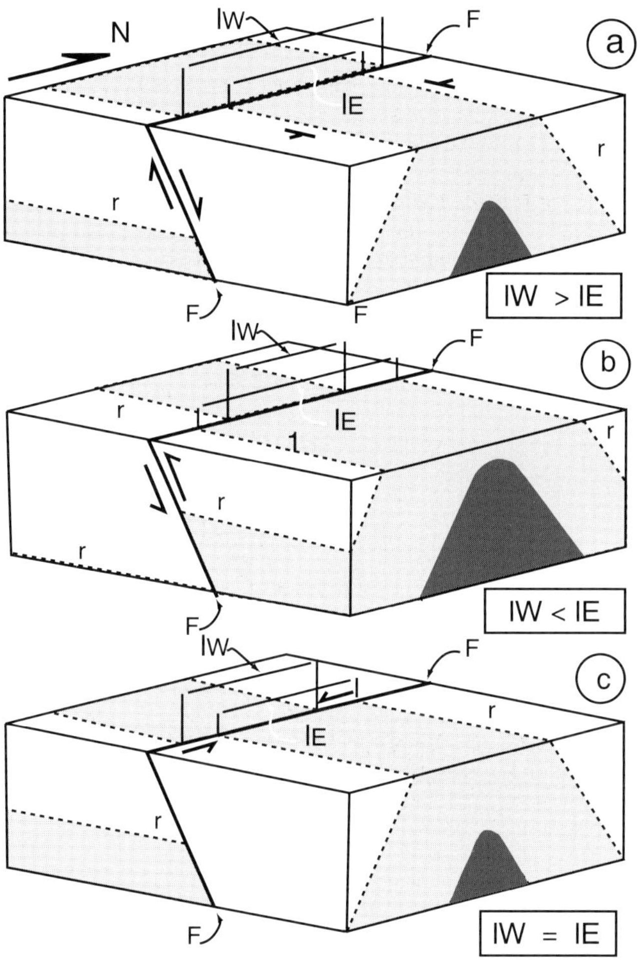

Figure 4.7.
Failles : notion de rejet cartographique vrai et apparent dans le cas d'une faille normale (a), inverse (b) et décrochante (c); IW : largeur d'affleurement repère à l'Ouest et IE, à l'Est de la faille.

« V » plus ouvert, ~ 160°), de l'ordre de 70°, que celui de la faille F2 (angle du « V » ~ 140-130°), de 50°. Ces failles F1 et F2 ont un toit constitué de terrains plus jeunes (f ou g) que ceux du mur (c ou e) : ce sont des **failles normales**. La direction de la faille F1 est N-S, celle de la faille F2 est NNE-SSW. Symboliquement, les barbules dessinées le long de la trace des failles indiquent la position du toit. L'association de ces deux failles normales crée un **fossé tectonique** (ou **graben**); le pendage des couches (g) qui remplissent le fossé montre que celui-ci est asymétrique, le jeu de la faille F1 est plus important que celui de la faille F2.

Dans la partie centrale, les failles F3 et F4 ont un pendage faible (30-40°) vers l'Est. Le toit de ces failles est formé de terrains plus anciens que ceux du mur : il s'agit donc de **failles inverses**. Le figuré en triangles vides, le long de leur tracé, indique le toit. Le tracé rectiligne de la faille F3, dans le fond de la vallée, montre qu'elle est verticale en profondeur; en revanche le pendage de la faille F4 reste constant vers l'Est.

À l'Est, une faille **Φ**, à pendage très faible à nul, sépare des terrains anciens (a) surmontant des terrains plus récents (b ou c) : il s'agit d'une **faille chevauchante**. La partie chevauchante est appelée **nappe** (N); elle est constituée de terrains tectoniquement déplacés dits **allochtones.** Les lambeaux de terrains allochtones (a) isolés au front Ouest de la nappe sont des **klippes** (K); ils sont issus de son érosion partielle. Le creusement de la nappe par les rivières forme des **fenêtres** (F) ou de **demi-fenêtres** (1/2F) où affleurent les terrains non charriés dits **autochtones**. Les figurés triangulaires, le long du trait de la faille chevauchante, sont disposés du côté des terrains allochtones.

Dans le coin NW de la carte, la faille F5 (verticale), orientée ENE-WSW, décale les failles normales F1 et F2. Il s'agit d'une faille décrochante à jeu dextre (le compartiment Nord est déplacé vers l'Est par rapport au compartiment Sud). L'ampleur du déplacement horizontal (coulissement) est de l'ordre de 800 m.

4.4 Plutonisme et volcanisme

4.4.1 Définition

L'activité interne de la Terre s'exprime, entre autres, en surface, par le **volcanisme**. **Cônes** de projections, **dômes** et **coulées** sont autant de structures qui traduisent cette activité (Fig. 4.9). Ces structures sont soumises à l'érosion qui les démantèle rapidement en faisant apparaître, parfois de manière spectaculaire dans le paysage, des formes qui soulignent les contrastes de dureté des roches (*dyke, neck, sills*).

Une autre partie de cette activité interne est visible à la surface de la Terre : c'est le **plutonisme**. Des volumes de roches, de composition généralement granitique, produites lors de la fusion de la base de la croûte continentale, montent vers sa partie supérieure et cristallisent à quelques kilomètres de la surface sous la forme de masses plus ou moins lenticulaires appelées **plutons** (Fig. 4.10). Au contact de ces masses dites intrusives, les roches encaissantes sont transformées par effet thermique, sur quelques dizaines à quelques centaines de mètres, formant une **auréole de métamorphisme de contact.** Des **filons** de composition granitique se détachent du pluton et sont intrusifs dans les terrains encaissants. En dégageant les quelques kilomètres superficiels de la croûte continentale, l'érosion fait affleurer ces roches formées en profondeur.

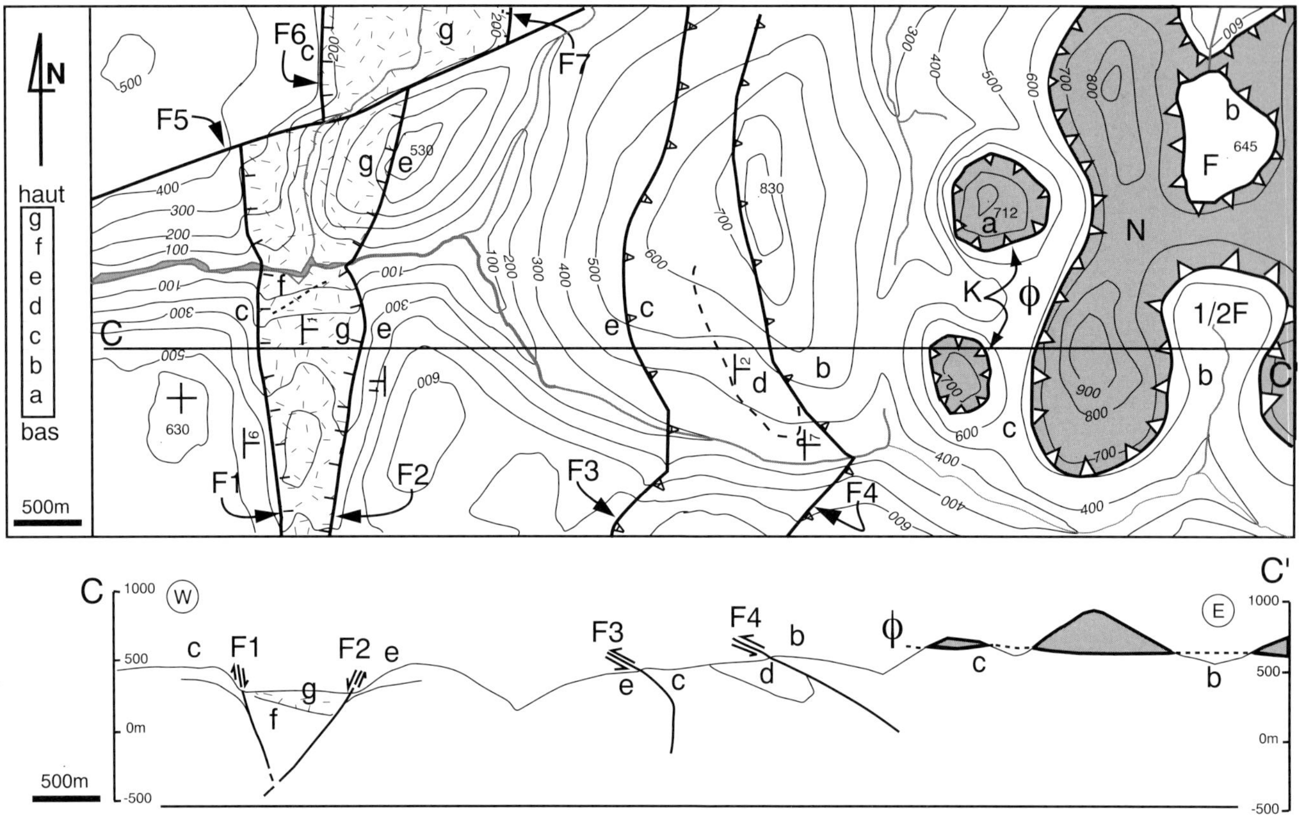

Figure 4.8.
Failles : carte et coupe schématiques de différents types de failles.

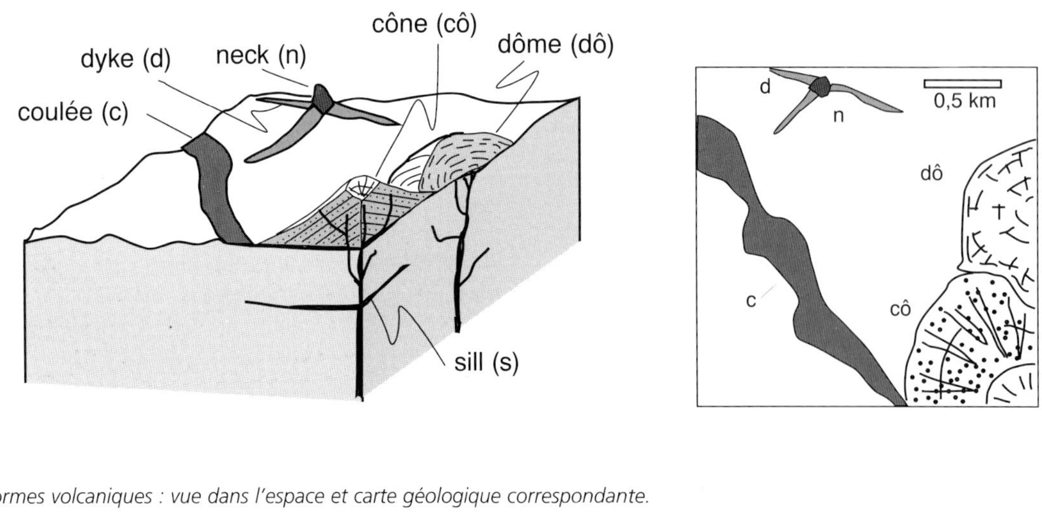

Figure 4.9.
Quelques formes volcaniques : vue dans l'espace et carte géologique correspondante.

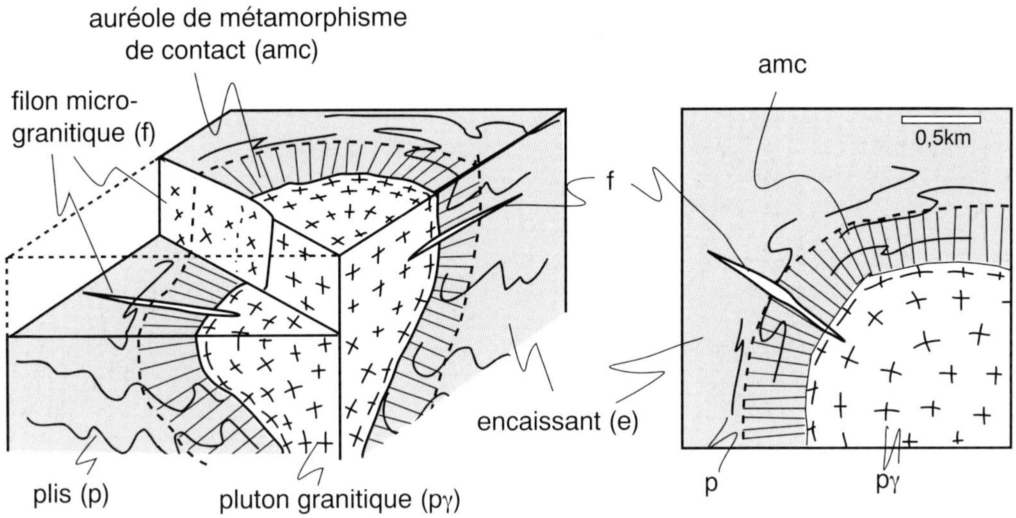

Figure 4.10.
Structures plutoniques : vue dans l'espace et carte géologique correspondante.

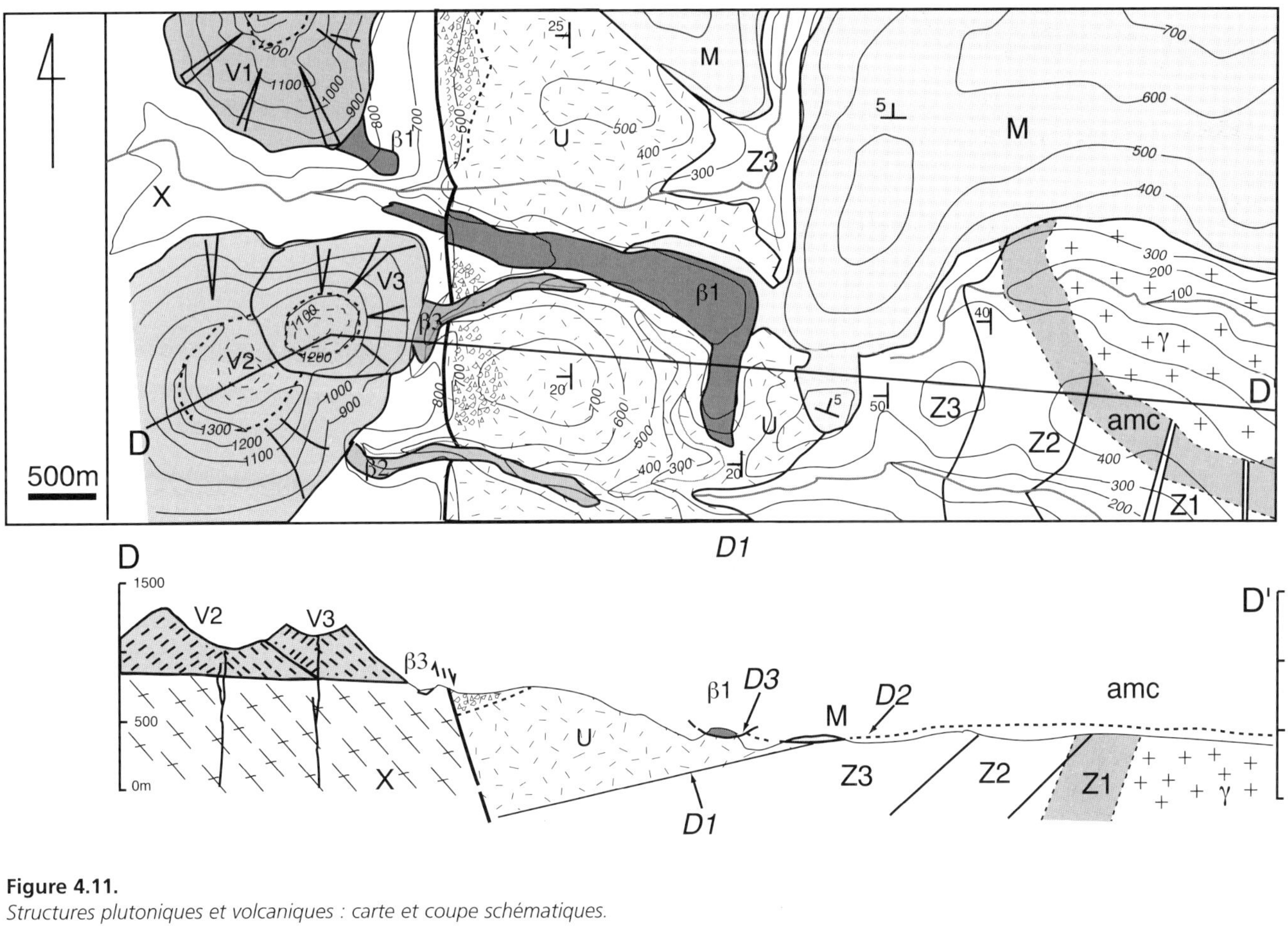

Figure 4.11.
Structures plutoniques et volcaniques : carte et coupe schématiques.

4.4.2 Expression cartographique des structures volcaniques et plutoniques

Dans la région Ouest de la carte de la figure 4.11, trois cônes volcaniques reposent sur un socle de roches anciennes métamorphisées (X). Le cône V3 repose en partie sur le flanc du volcan V2 et lui est donc postérieur. Des coulées de basalte β2 et β3 s'échappent de ces cônes ; elles se sont écoulées dans le fond de vallées qu'elles ont partiellement comblées. Du cône V1, situé plus au Nord, s'est échappée la coulée β1 ; actuellement en position de plateau, elle est en partie érodée, au pied du volcan, par le creusement d'une vallée E-W ; cette coulée est donc plus ancienne que les coulées β2 et β3.

Dans la partie Est de la carte, affleure un pluton granitique (γ), entouré d'une auréole de métamorphisme de contact (amc) et de deux filons granitiques N-S et NNE-SSW. Ce pluton est intrusif dans une formation Z, fortement plissée.

4.4.3 Relation entre morphologie et structure

Un phénomène morphologique appelé **inversion de relief** est à l'origine de la position topographique « haute » de la coulée β1. À l'origine, cette coulée s'est épanchée, comme les coulées β2 et β3, dans le fond d'une vallée. L'érosion ayant ensuite décapé les terrains avoisinants plus tendres, la coulée s'est trouvée « perchée », dominant maintenant le nouveau paysage.

4.5 Concordances et discordances

4.5.1 Définition

Lorsque, dans un bassin sédimentaire, les dépôts se font régulièrement, les couches qui en résultent sont, elles aussi, disposées régulièrement et en continuité (dite stratigraphique) les unes au-dessus des autres : les couches sont disposées en **concordance**. Mais de nombreux phénomènes géologiques sont susceptibles de perturber cet arrangement : les couches sont alors dites **discordantes**. Parmi ces mécanismes, les déformations liées à des phases tectoniques compressives (plis), ou les basculements associés au mouvement de failles normales sont les plus connus. Ces mouvements sont suivis de fortes érosions nivelant les reliefs qui viennent d'être créés. Lorsque de nouveaux dépôts recouvrent les anciennes structures, il se forme des **discordances angulaires,** parfois spectaculaires (angle de plusieurs dizaines de degrés entre les dépôts discordants et les terrains sous-jacents). Une reprise de la sédimentation, après une période d'arrêt plus ou moins longue, comme par exemple lors d'une transgression marine sur une plate-forme continentale, est généralement marquée par une disposition en discordance des couches transgressives ; mais la discordance est alors faible (angle de quelques degrés entre la base de la série discordante et la série sous-jacente) : la **discordance** est dite **cartographique** car elle apparaît plus nettement sur la carte géologique que sur le terrain.

4.5.2 Expression cartographique des discordances

Dans une série sédimentaire où les **couches** sont **concordantes**, une couche quelconque n, repose toujours sur la couche n – 1 et elle est toujours surmontée par la couche n + 1. Cartographiquement cette relation est facile à établir puisque les affleurements de la couche n jouxteront toujours les affleurements de la couche sous-jacente n – 1 et sus-jacente n + 1, quelle que soit la géométrie de ces affleurements (Fig. 4.12a).

Lorsqu'une série sédimentaire n repose **en discordance** sur une série sédimentaire (J_x), la base de la couche la plus ancienne – appelée surface de discordance ou plus simplement la discordance – repose sur des terrains d'âges différents de la série sous-jacente (J_1, J_2, ..., J_4) (Fig. 4.12b). Cartographiquement on retrouvera cette propriété : les affleurements de la couche n, discordante, seront en contact stratigraphique (contact de dépôt) avec divers affleurements de la série sous-jacente.

Des signes de pendages proches, situés de part et d'autres de la discordance et montrant des valeurs de pendage et/ou des directions de couches différentes, peuvent préciser l'importance de cette discordance.

La nature d'une surface de discordance est toujours un contact d'origine sédimentaire. Elle ne devra pas être confondue avec un contact par faille qui, par nature, vient perturber l'agencement originel des formations géologiques. Pour éviter de faire cette confusion, on se rappellera que les failles ont un tracé marqué par un trait plus épais que les limites stratigraphiques.

Sur la figure 4.11 plusieurs formations reposent en discordance.

Au centre, la formation U, de direction N-S et à pendage de 20° vers l'Ouest, repose en discordance (D1) à l'Est, sur la série Z extrêmement plissée. En revanche, sa limite Ouest avec les vieux terrains X se fait par l'intermédiaire d'une faille normale N-S, à fort pendage à l'Est.

À l'Est (partie Nord), la série sédimentaire M, à faible pendage vers le NE, repose en discordance (D2) sur le granite et son auréole métamorphique, sur la série Z, et sur la formation U.

Enfin les formation volcaniques (coulées et cônes) reposent, elles aussi, en discordance sur divers terrains d'âge et de nature très différents leur servant de substratum.

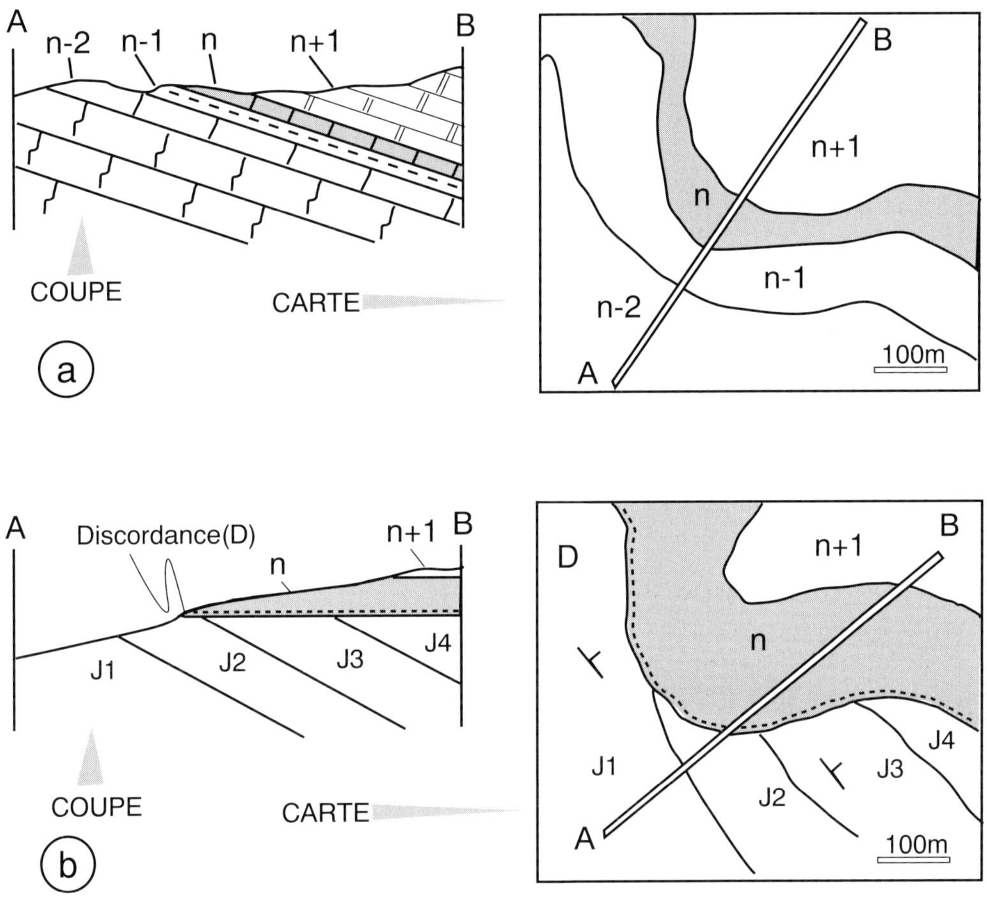

Figure 4.12.
Concordance (a) et discordance (b) : coupes et cartes schématiques.

Chronologie des événements géologiques

5

Une carte géologique est une représentation d'objets (couches sédimentaires, dépôts volcaniques, intrusions granitiques...) dont la genèse et l'histoire (plis, failles, discordances...) s'étend sur de très longues périodes. Certes il existe des événements géologiques qui sont brefs à l'échelle de la vie humaine (tremblement de terre, éruption volcanique, écroulement de falaise...) ; ils sont alors souvent catastrophiques. Mais la plupart des phénomènes géologiques se déroulent sur des durées qui dépassent largement le million d'années. La carte géologique permet d'apprécier ce facteur temps et d'estimer la durée des phénomènes aussi bien sédimentaires, tectoniques que magmatiques. Cette dimension temporelle fait de la carte un outil essentiel dans les sciences de la Terre.

Cependant le temps ne peut être perçu que si l'on a des **repères.** Or ceux-ci sont de nature et d'importance très différentes. Les limites des bancs d'un empilement de couches de même nature sont autant de repères traduisant des discontinuités mineures d'un phénomène géologique continu. Une discordance, en revanche, traduira une interruption et un changement majeur dans les processus géologiques. Ce sont donc des marqueurs de cette nature qui seront recherchés lors de la lecture de la carte, pour établir les étapes principales de l'histoire géologique d'une région.

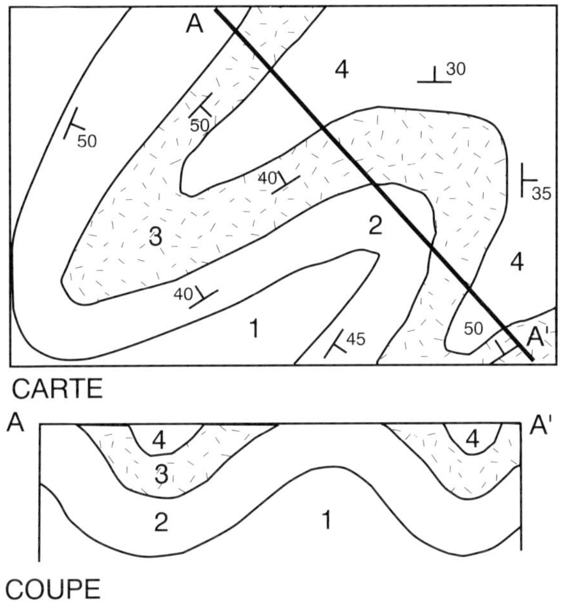

Figure 5.1.
Structure plissée : coupe et carte schématique.

5.1 La notion de marqueur

Prenons un empilement de couches sédimentaires, numérotées 1, 2, 3, 4... dans l'ordre de leur dépôt. Si ses couches sont plissées (Fig. 5.1), on date la déformation des couches par référence à l'âge de la couche la plus jeune plissée : ici le plissement est postérieur à l'âge de la couche 4 ; on dit qu'il est « post 4 ».

Si ces couches sont recoupées et décalées par une faille (Fig. 5.2), le mouvement de cette faille – et donc l'activité tectonique qu'il représente – est postérieur à l'âge de la couche la plus jeune affectée (recoupée et décalée par la faille) : ici elle est postérieure à l'âge de la couche 4 ; on dit aussi qu'elle est « post 4 ».

Dans ces deux cas, le phénomène géologique (de nature tectonique) daté n'est connu que par une seule limite temporelle qui est une limite inférieure. Entre cette limite et le temps présent on ignore précisément quand ce phénomène s'est produit et la datation est peu précise.

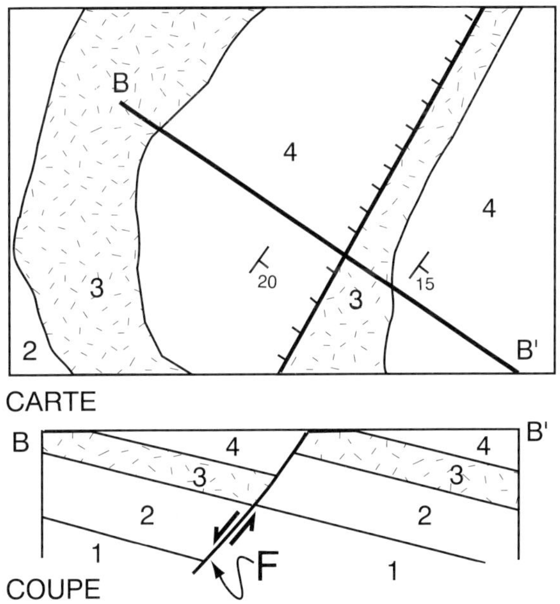

Figure 5.2.
Structure faillée (faille normale).

5.2 La notion de cachetage

La superposition de phénomènes tectoniques et sédimentaires permet de préciser l'âge de certains événements.

Si des couches horizontales reposent stratigraphiquement sur des couches plissées (Fig. 5.3), l'âge du plissement est plus récent que l'âge de la couche la plus ancienne plissée (ici la couche 4) et plus ancien que celui de la couche la plus ancienne non plissée (ici la couche 6) ; on dit que le plissement est « post 4 et anté 6 ». La couche (6), non plissée, cachette les plis.

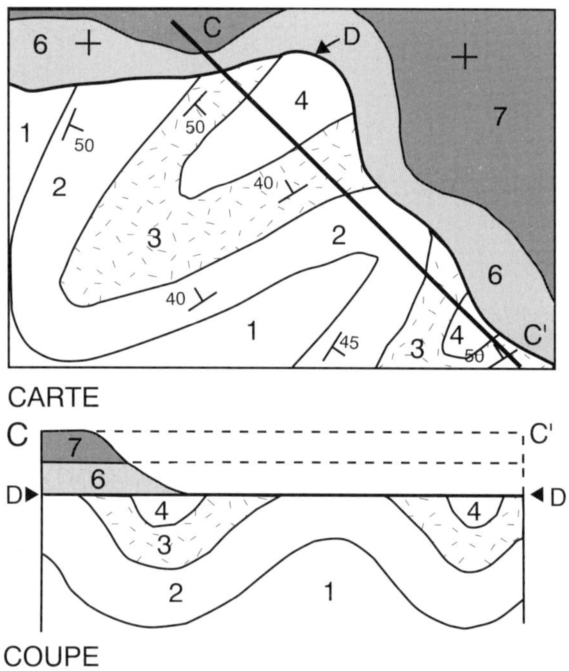

Figure 5.3.
Plis et série discordante horizontale.

Le même raisonnement peut être appliqué à des couches faillées (Fig. 5.4) : le jeu de la faille (F) est plus récent que la couche 4 (recoupée) et plus vieux que la couche 6 (non recoupée) ; il est « post 4 et anté 6 ». La couche 6, non affectée par le mouvement de la faille, cachette celle-ci.

Dans ces deux exemples il s'est produit une érosion qui a nivelé les reliefs nés lors de l'événement tectonique. Les dépôts post-tectoniques reposent en discordance (D), qui est angulaire ou cartographique selon l'importance de l'angle de pendage entre les surfaces repères des deux formations qu'elle sépare. La durée entre l'événement tectonique et le nouveau dépôt défini une fourchette de temps dont l'importance peut être très variable (de quelques centaines d'années ou moins à plusieurs centaines de millions d'années !). La précision de l'âge de cet événement tectonique sera donc directement fonction de la valeur de cette « fourchette ».

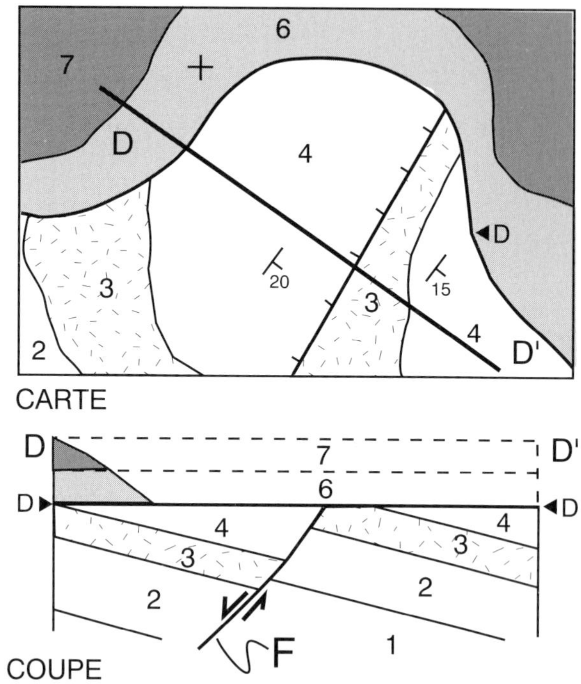

Figure 5.4.
Série faillée (faille normale) et basculée et série discordante horizontale.

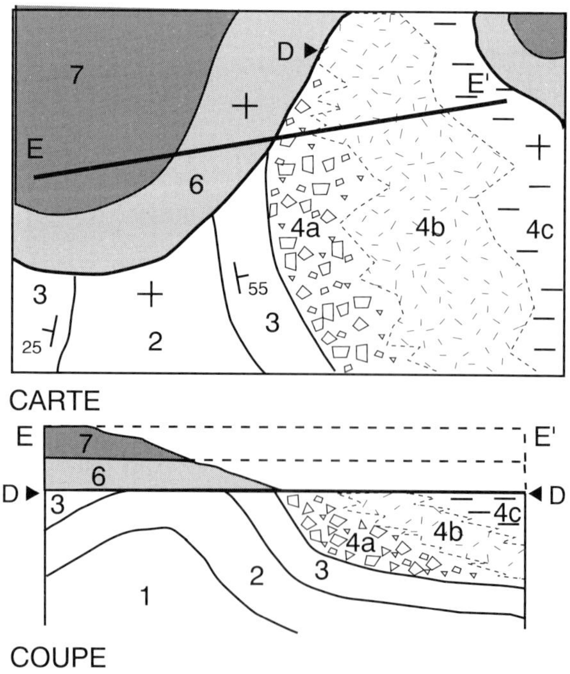

Figure 5.5.
Série plissée (avec dépôts syn - plissement (4)) et série discordante horizontale.

5.3 Les marqueurs syntectoniques

Certains dépôts ou certaines structures sédimentaires peuvent renseigner plus précisément sur l'âge de l'événement tectonique lorsque celui-ci est enregistré dans des dépôts qui lui sont contemporains : ce sont par exemple des accumulations de brèches (formations détritiques grossières à éléments anguleux et volumineux) provenant du relief proche (plis, escarpement de faille…) créé par la tectonique (Fig. 5.5 et 5.6). Lorsque ces dépôts appelés *syntectoniques* sont datés, ils indiquent clairement l'âge et la durée de l'événement tectonique. Ce dernier peut être nettement plus court que celui indiqué par la fourchette d'âge des terrains affectés et cachetants.

D'une manière plus générale, la succession de plusieurs cycles sédimentaires et tectoniques se traduit par une succession de dépôts, de déformations, de périodes d'érosion, dont on peut retrouver les témoins sur la carte géologique. Il peut s'agir de la succession de plusieurs phases de compression (Fig. 5.7) et d'extension (Fig. 5.8), ou bien encore de l'alternance de phases de compression et d'extension (Fig. 5.9), chacune d'entre elles étant séparée par des périodes d'érosion et de dépôts.

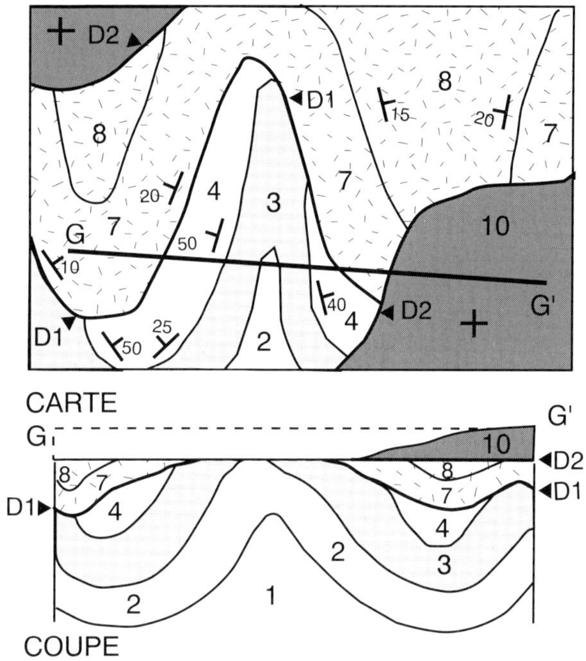

Figure 5.7.
Superposition de deux séries discordantes plissées et d'une série discordante horizontale.

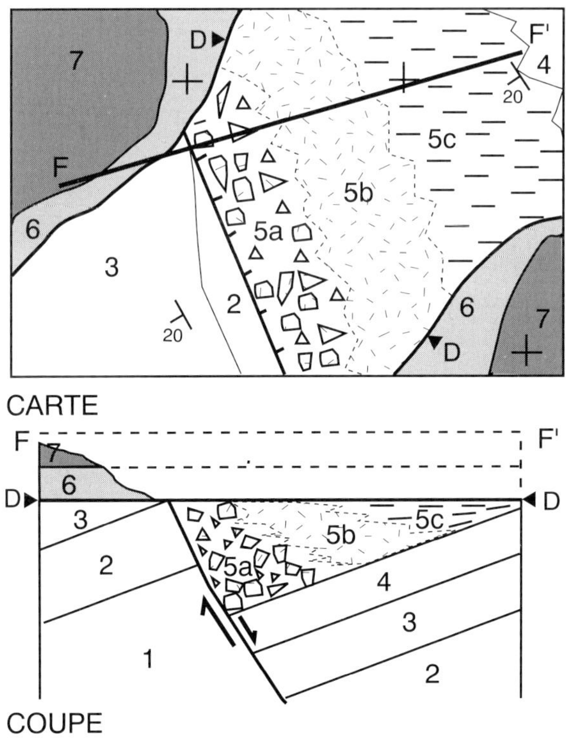

Figure 5.6.
Série faillée (avec dépôts syn - mouvement de la faille (5)) et série discordante horizontale.

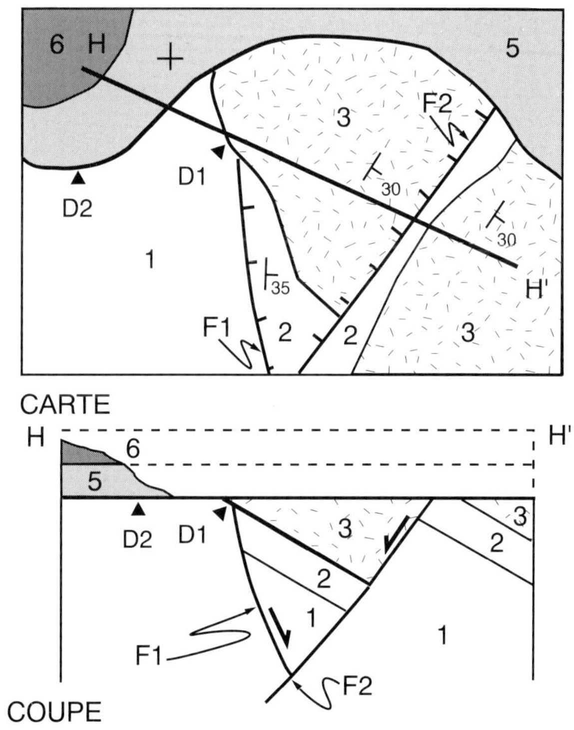

Figure 5.8.
Tectonique polyphasée en faille normale et série discordante horizontale.

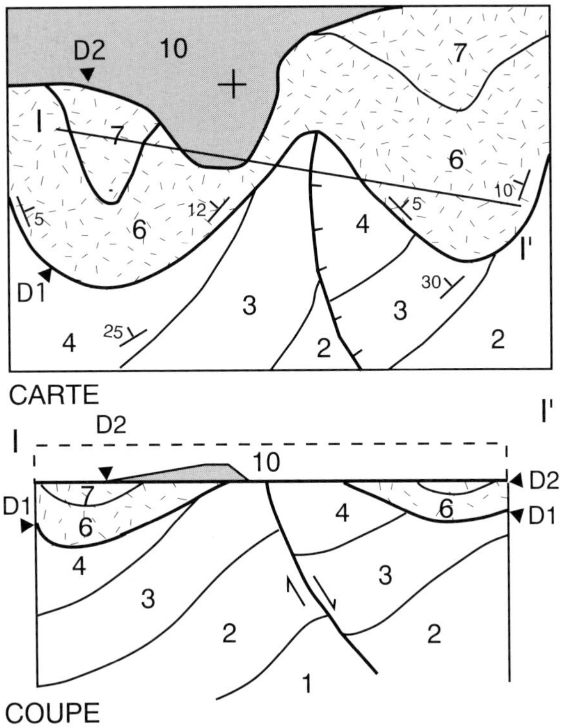

Figure 5.9.
Tectonique en faille normale, plissement et série discordante horizontale.

5.4 Les marqueurs plutoniques et magmatiques

Les formations magmatiques permettent également de reconstituer, à partir des cartes, l'histoire géologique d'une région. Si les édifices volcaniques (cônes, dômes...) sont vite détruits par l'érosion après arrêt de leur fonctionnement, il est toutefois possible de trouver les témoins de l'activité volcanique au moyen des coulées (b), épanchées en surface, ou encore de *sills* et de *dykes* (fissures remplies de matériel magmatique) mis à jours par l'érosion (*cf.* chap. 4). Les principes de superposition, si utiles dans les séries sédimentaires, sont, dans le cas des coulées et des *sills*, à utiliser avec précaution et l'on doit se référer à la localisation des bordures de refroidissement et de cuisson qui les accompagnent pour s'assurer de leur nature, épanchée ou intrusive (Fig 5.10a).

S'agissant des formations plutoniques, intrusives dans les divers niveaux de la croûte terrestre, leurs relations géométriques avec l'encaissant sont toujours aisément identifiables sur les cartes géologiques; le contexte chronologique est alors facile à reconstituer. Par exemple les plutons granitiques développent généralement à leur bordure, dans l'encaissant, une enveloppe de roches transformées (auréole de métamorphisme de contact) due à la réaction de ce dernier à l'augmentation de température et de pression accompagnant la mise en place de l'intrusion. Des filons de composition granitique s'échappent du pluton vers l'encaissant. Cartographiquement ces diverses structures sont facilement repérables (Fig. 5.10b).

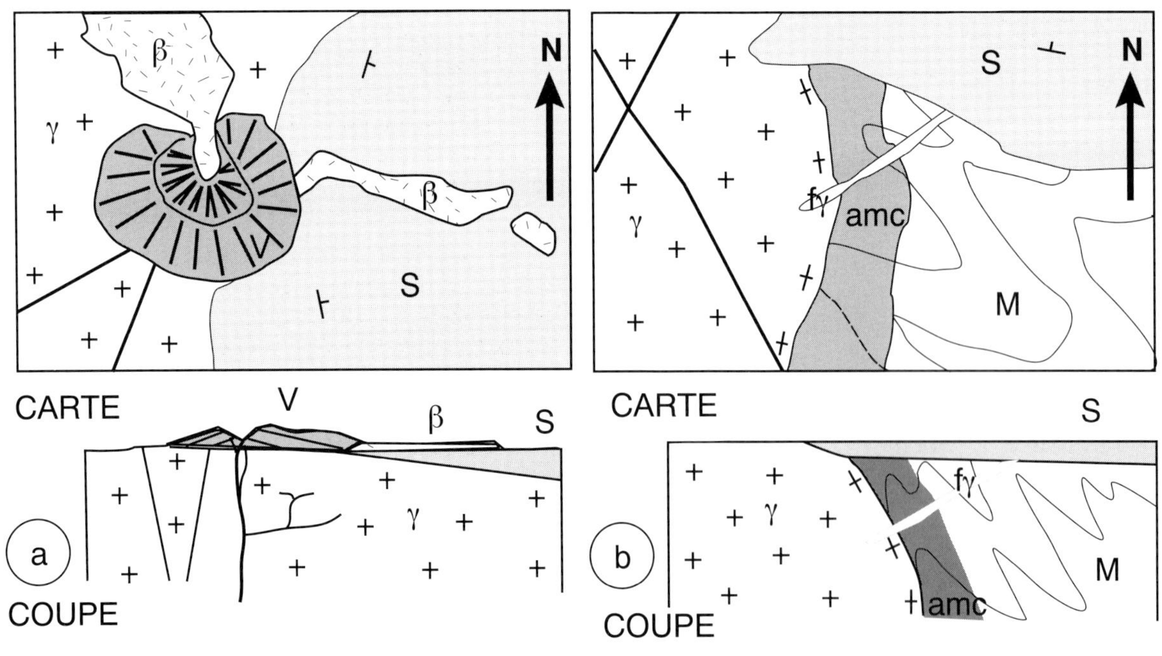

Figure 5.10.
Marqueurs volcaniques (a) et plutoniques (b) : cartes et coupes schématiques.

La coupe géologique

6

Le géologue s'intéresse à la disposition des terrains en surface, mais aussi à leur prolongement en profondeur, que ce soit pour la connaissance académique des structures ou dans des buts appliqués : recherche pétrolière, minière, creusement de tunnels... Or il ne dispose souvent que de la carte géologique, qui est un document plan, horizontal. L'examen de la disposition des terrains sur la carte permet d'y localiser les plis, les failles et les chevauchements, mais ne peut donner d'image précise de la structure des terrains en profondeur. La construction de **coupes géologiques** dans des plans verticaux est une technique qui permet de restituer les structures en profondeur à partir des cartes ; elle est indispensable dans la formation de tout géologue, quelle que soit sa spécialité. Ce chapitre présente les principes de base de construction de coupes géologiques dans des terrains sédimentaires horizontaux, inclinés, plissés et faillés. Des exemples de coupes géologiques à partir d'extraits de cartes réelles sont donnés en annexe.

6.1 Préparation et présentation de la coupe

6.1.1 Le choix de l'emplacement d'une coupe sur la carte géologique

Sur une carte en **structure plissée**, pour montrer la forme réelle des plis en section, la coupe doit être orientée perpendiculairement aux axes des plis, c'est-à-dire à la direction générale des couches dans les flancs des plis sur la carte. L'emplacement du **trait de coupe** sur la carte sera choisi dans un secteur représentatif des structures de la carte. Pour bien contraindre la coupe, on recherchera une zone riche en informations comme les signes de pendage, ou les relations géométriques entre topographie (courbes de niveau) et limites de terrains ou accidents tectoniques, qui permettent d'estimer les pendages de ces éléments (voir chapitre 3).

On évitera les secteurs à petites complications tectoniques locales si elles ne sont pas utiles, ou ceux trop largement recouverts de formations superficielles récentes qui masquent les terrains auxquels on s'intéresse.

En **structure monoclinale**, la coupe est généralement orientée dans la direction du pendage d'ensemble des couches.

En **structure tabulaire horizontale**, le choix de l'emplacement et de l'orientation de la coupe est plus libre.

6.1.2 La mise en forme du document

La coupe est réalisée sur une bande rectangulaire de papier millimétré, plus longue que la coupe afin de placer, à droite de celle-ci, la colonne lithostratigraphique, qui est la légende des terrains rencontrés.

Le **profil topographique**, tracé du relief le long de la coupe, sera placé vers le tiers supérieur de la bande, pour garder de la place au-dessus du profil afin d'y noter le titre de la coupe et la **toponymie** (noms des reliefs, cours d'eau, agglomérations, points cotés et autres éléments de repérage). **L'orientation** de la coupe sera indiquée par des lettres à ses deux extrémités (Fig. 1.2).

À droite de la coupe, à la même hauteur et à la même échelle, la **colonne lithostratigraphique** constitue la légende des terrains rencontrés dans la coupe, avec les mêmes **figurés**. Ceux-ci, conventionnels, seront choisis pour représenter au mieux la **lithologie**, c'est-à-dire la nature des terrains (Tab. 6.1).

Il est parlant de figurer le bord droit de la colonne comme une falaise érodée : les surplombs et les rentrants marquent les différences de résistance à l'érosion des différentes roches, caractère généralement visible dans la topographie de la carte géologique et sur le profil topographique par la correspondance des terrains durs avec des crêtes ou des pentes fortes, et des roches tendres avec des zones basses.

À droite de la colonne, au bout de traits de rappel disposés en éventail, les indices et noms d'étage des formations, figurant dans la légende de la carte, donneront l'**échelle stratigraphique**, c'est-à-dire l'âge des terrains de la coupe (voir tableau 2.1).

Enfin, l'**échelle des distances** sera donnée sous forme **graphique** : par exemple, en notant « 500 m » au-dessus d'un trait d'un centimètre de long pour les cartes au 1/50 000. Ce type d'échelle reste juste si le document est agrandi ou réduit. Rappelons que c'est seulement en structure tabulaire, si le relief est faible et les terrains peu épais que l'on peut envisager de dilater l'échelle verticale, mais le relief sera exagéré. En structure monoclinale et à plus forte raison plissée, il ne faut pas le faire : les pendages seront exagérés, les épaisseurs des couches varieront et les formes des plis seront faussées.

6.2 La réalisation du profil topographique

6.2.1 Le matériel

Sur une carte au 1/50000, 1 mm représente 50 m. Dessiner avec cette précision demande un bon matériel : un crayon de dureté moyenne (H ou HB selon les marques), qui sera fréquemment taillé ; à défaut, un porte-mine de diamètre 0,5 mm au maximum. Pour gommer avec précision, on coupera dans une gomme un morceau pointu à l'aide d'un cutter.

La finition de la coupe pourra se faire à l'aide de stylos à dessin à encre de Chine, de différents diamètres : fin pour les figurés, moyen pour les limites de terrains, plus épais pour les contacts tectoniques.

À l'avenir, la finition des coupes se fera sans doute sur ordinateur : dès à présent, la maquette d'une coupe peut être numérisée à l'aide d'un scanner, et sa finition réalisée avec un logiciel d'illustration graphique. Ce procédé a été utilisé pour les coupes en annexe.

6.2.2 L'exécution du profil

On examine d'abord la topographie sur la carte le long du profil, en repérant les endroits où le sens de la pente s'inverse : on coche en haut du papier millimétré la position des fonds de vallées par un signe « v » et des lignes de crêtes par « ^ ». On note aussi les altitudes des points cotés, et des points les plus hauts et les plus bas du profil.

Sur la gauche du papier millimétré, on trace une échelle des hauteurs correspondant au dénivelé du profil : pour une carte au 1/50000 dont l'équidistance des courbes de niveau est de 10 m, chaque ligne horizontale du papier correspond à une courbe de niveau maîtresse, soit 50 m de dénivelé (Fig. 6.1). Si l'équidistance est de 20 m, les courbes maîtresses sont tous les 100 m, soit 2 mm.

Il faut aligner le haut de la bande de papier millimétré le long du trait de coupe, et cocher précisément les points d'extrémités de la coupe.

Sur une carte au 1/50000, au point de rencontre d'une courbe de niveau maîtresse et du trait de coupe (bord du papier), on descend le long de la ligne verticale du papier millimétré et on place un point sur la ligne horizontale correspondant à l'altitude de la courbe de niveau.

Attention aux parois rocheuses verticales ou à pente forte marquées par des figurés de rochers ! Les courbes de niveau n'y sont pas tracées. Le dénivelé de la paroi est alors la différence d'altitude entre la courbe de niveau au-dessus de la paroi et celle qui passe à son pied (Fig. 6.1 et 1.6).

Une fois placés les points du profil correspondant aux courbes de niveau maîtresses, aux fonds de vallées et aux lignes de crêtes, on dessine le profil topographique en joignant ces points par une ligne continue naturelle (sans segments de droites). Entre deux courbes de niveau maîtresses, les courbes de niveau ordinaires peuvent aider à préciser le tracé du profil. À la fin de la coupe, les points de construction du profil ne doivent plus se voir.

Une fois le profil tracé, il faut indiquer au-dessus son titre, son orientation, la toponymie (noms de lieux, rivières, sommets), les points cotés. Si ce profil doit servir à réaliser une coupe géologique, on peut attendre qu'elle soit achevée pour le faire.

Le profil topographique doit être dessiné avec un maximum de précision, au risque d'induire des erreurs ou des difficultés dans la réalisation de la coupe géologique.

6.3 La réalisation de la coupe géologique

6.3.1 Le choix de la région

De vastes régions de France et du monde sont constituées de **formations sédimentaires**. Elles peuvent être restées **tabulaires** (subhorizontales), comme dans le Bassin parisien (planche A.1) si elles n'ont pas été sensiblement déformées depuis leur dépôt. Mais elles peuvent être plissées et faillées là où, du fait de la tectonique des plaques, elles ont subi des contraintes tectoniques, donnant naissance à des chaînes de montagnes (Alpes et Jura, Pyrénées) ou des fossés d'effondrement (Alsace, Limagne).

Les formations sédimentaires sont les plus favorables à la réalisation de coupes géologiques, pour les raisons suivantes :

- Sur le terrain, ces séries, d'épaisseur souvent assez régulières à l'échelle d'une carte, peuvent être subdivisées en sous-ensembles superposés en fonction de leur nature ou **lithologie** (grès, calcaires), de l'aspect de la roche ou **faciès** (grès fins ou grossiers), de leur contenu fossilifère (**paléontologie**) qui permet souvent de bien les dater et les attribuer à des **étages** géologiques. La base et le sommet de ces sous-ensembles, repérables sur le terrain, sont les limites de formations, ou limites géologiques, qui sont tracées sur la carte géologique. Leur sommet (**toit**) et leur base (**mur**) sont sensiblement parallèles, et fournissent de bons repères pour la construction de la coupe.
- Sur le territoire français, la majorité des dépôts sédimentaires sont marins. Ce sont souvent les couches les plus continues et régulières, car leurs conditions de dépôt ont été constantes sur de plus vastes surfaces que les séries continentales lacustres ou fluvio-lacustres déposées dans des paysages moins étendus. Les **épaisseurs des terrains**, nécessaires pour construire les coupes géologiques, sont indiquées dans la notice de la carte.

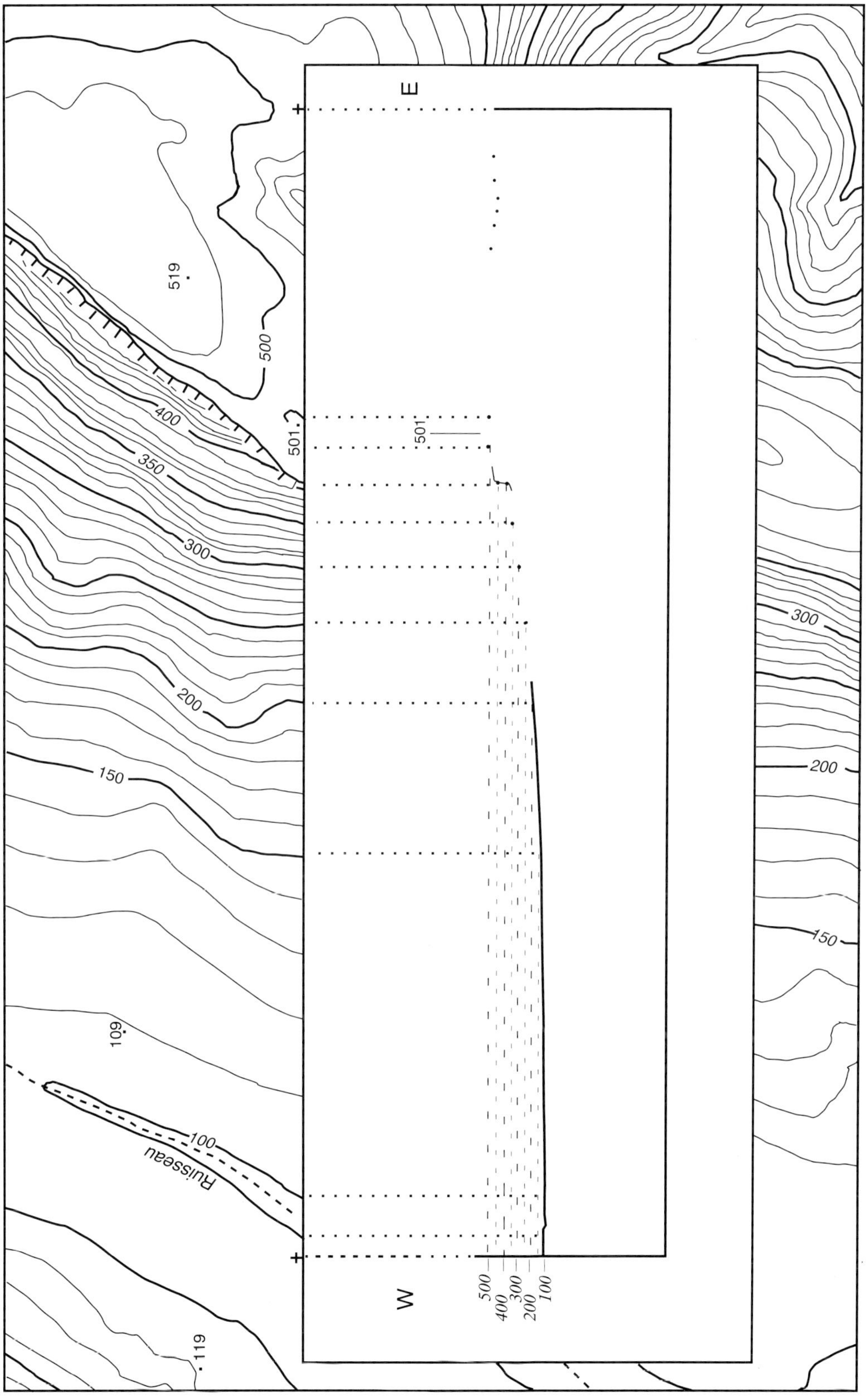

Figure 6.1.
Réalisation du profil topographique. La méthode est exposée dans le texte. La bande de papier millimétré est figurée ici en blanc. Les tiretés horizontaux et verticaux correspondent au quadrillage du papier millimétré. Sur la droite, on voit les points de construction du profil, petits pour les courbes de niveau ordinaires, gros pour les courbes maîtresses. La corniche est esquissée. À gauche est tracée une partie du profil, dont on ne doit plus voir les points de construction sur la coupe finie.

• Si des formations présentent des **variations latérales d'épaisseur**, elles sont signalées dans la notice et se voient parfois sur la carte même.

• Dans les **structures plissées**, le **pendage** ou basculement des couches par rapport à l'horizontale se mesure sur le terrain (Fig. 3.1 à 3.3). Sur la carte, il est noté par un **signe de pendage** (Fig. 2.1). Très utiles pour la précision des coupes, surtout lorsque la valeur de l'angle de pendage est précisé, ces signes sont trop rares sur de nombreuses cartes.

La régularité des séries sédimentaires à l'échelle d'une carte permet d'y faire des coupes précises. À l'inverse, la forme irrégulière et mal connue des massifs de **roches intrusives** (par exemple certains granites) empêche d'extrapoler précisément la coupe en profondeur. Plus incertaines encore sont les coupes dans les **terrains métamorphiques** très déformés, qui ne sont pas abordées ici.

Les techniques de réalisation de coupes géologiques présentées ici concernent donc surtout les terrains sédimentaires, certains principes restant cependant valables dans d'autres types de terrains.

6.3.2 La précision de la coupe géologique

La précision d'une coupe dépend surtout de la complexité structurale de la région : intensité du plissement, densité des failles et importance de leur rejet. La richesse de la carte en données précises comme les signes de pendage avec indication de l'angle favorise la précision des coupes :

– des coupes précises sont faciles en structure tabulaire ou monoclinale ;

– en structure modérément plissée, la précision en profondeur est bonne pour peu que l'on respecte les valeurs des pendages et les épaisseurs des couches ;

– dans des plis serrés, compliqués de failles ou de chevauchements, l'incertitude croît avec la profondeur, où les données contraignantes disparaissent ;

– le pendage des failles, rarement mesurable sur le terrain, n'est pas donné sur les cartes. Il faut, quand c'est possible, le déterminer par l'intersection de leur tracé avec les courbes de niveau (Fig. 3.5 ou planche A.3, carte Molsheim). Sinon, sachant par l'observation de la carte ou par sa notice que la région a subi de la tectonique compressive, il faut choisir le pendage de façon à dessiner une faille inverse. Si la tectonique a été distensive, on dessinera une faille normale ;

– la diminution de la précision des coupes géologiques avec la profondeur est inévitable ; elle a été constatée dans des forages, ou en comparant des coupes préparatoires au percement de tunnels avec les structures réellement rencontrées lors des travaux.

6.4 La coupe en structure tabulaire

En **structure tabulaire**, les couches n'ont pas été sensiblement déformées par la tectonique. Elles sont restées « **subhorizontales** » et les reliefs correspondant sont des **plateaux**, entaillés par des vallées.

6.4.1 Le repérage des couches

Sur la carte géologique, la structure tabulaire se reconnaît par les limites de couches horizontales, qui suivent les courbes de niveau (planche A.2). La figure 6.2 montre un exemple simple de coupe en structure tabulaire : les formations a, b, c, ont des limites d'affleurement qui longent les courbes de niveaux ; elles sont donc d'altitude constante, horizontales.

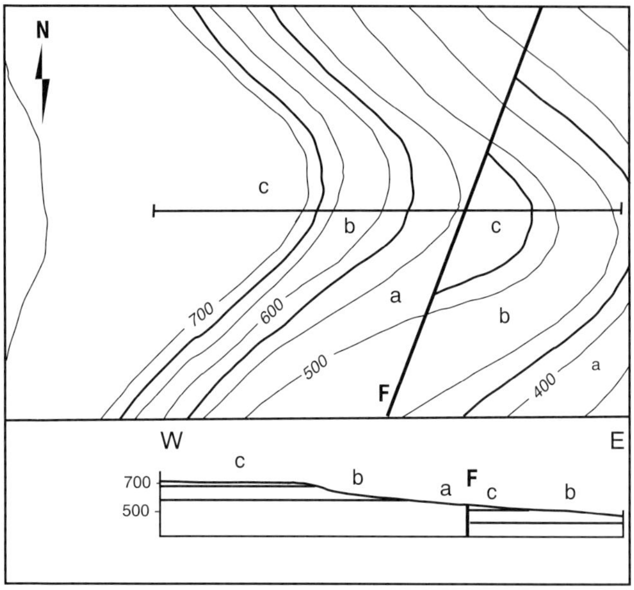

Figure 6.2.
Schéma de carte géologique et coupe en structure tabulaire.

Dans une coupe en structure tabulaire, une limite de couche se trace simplement en reliant, par une droite sur le profil topographique, les points où cette limite affleure en surface. Au passage d'une faille, ces traits doivent être décalés de la valeur du rejet vertical de la faille (Fig. 6.2).

Le décalage vertical de la faille *F* s'estime par la différence d'altitude d'une limite de terrains (b/c par exemple) de part et d'autre de la faille. Mais il n'est pas possible de déceler une éventuelle composante horizontale, décrochante, sur la faille.

On peut déterminer l'épaisseur d'une formation sans avoir recours à la notice de la carte : on compte le nombre de courbes de niveau qu'elle contient, et on le multiplie par l'équidistance des courbes.

6.4.2 Le regroupement de couches

À l'échelle du 1/50000, une formation de 50 m d'épaisseur ne fera que 1 mm sur la coupe, ce qui est mince pour y placer des figurés. On peut regrouper une couche avec une ou deux de ses voisines, mais il faut le faire de façon judicieuse :

– en ne regroupant pas une formation marine et une continentale, car un changement paléogéographique (d'environnement) se place entre les deux.

– en évitant autant que possible de regrouper des formations de deux ères ou systèmes différents (Crétacé supérieur et Tertiaire inférieur).

Regrouper des couches se fait aussi dans les coupes en structure monoclinale ou plissée.

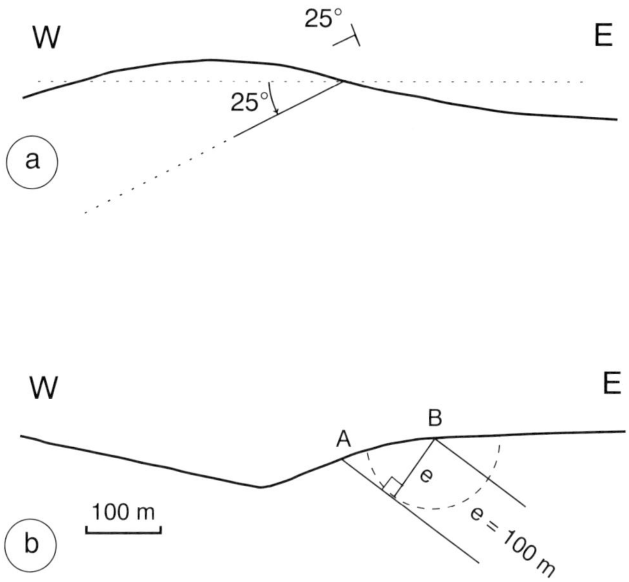

Figure 6.3.
Dessin du pendage d'une formation.
a) *Lorsqu'il est donné par un signe de pendage.*
b) *En connaissant l'épaisseur et les limites d'affleurement de la formation.*

6.5 La coupe en structure monoclinale

La structure monoclinale est caractérisée par des couches inclinées dans la même direction. La valeur du pendage peut rester constante ou varier localement, formant une flexure ou un repli monoclinal.

6.5.1 La détermination du pendage

Si elle n'est pas donnée sur la carte, la valeur du pendage peut être estimée de deux façons :

– *sans connaître l'épaisseur des couches* : dans un relief assez marqué, on peut utiliser la méthode des intersections des limites de couches et des courbes de niveau (méthode des horizontales, voir chap. 3) ;

– *en connaissant par la notice l'épaisseur d'une couche au moins* : on place, sur le profil topographique (Fig. 6.3), les points correspondant aux limites inférieure (A) et supérieure (B) de la couche. À l'aide d'un compas, on trace légèrement un cercle centré sur B et de rayon égal à l'épaisseur *e* de la couche. La droite tangente au cercle et passant par A est la base de la couche. Avec l'habitude, on pourra utiliser une règle graduée placée perpendiculairement au segment allant au point A. Enfin, ce dessin pourra être fait directement à main levée avec l'expérience.

6.5.2 La réalisation de la coupe

On place d'abord, sur le profil topographique, les points d'affleurement des limites de couches et des failles éventuelles (Fig. 6.4). Puis, on détermine le pendage des couches par une des méthodes vues plus haut, et on esquisse le tracé d'une limite de couche. L'esquisse des couches voisines doit respecter les épaisseurs. *L'épaisseur est toujours mesurée perpendiculairement à la base et au sommet de la couche.* Au passage d'une faille, il faut décaler les couches de la valeur du rejet vertical de la faille. On regarde sur la carte s'il y a des variations locales de pendage pour en tenir compte avant d'achever le dessin des couches. Enfin, *les figurés lithologiques sont basculés comme les couches dans lesquelles ils sont placés* (Fig. 6.5).

6.6 La coupe en structure plissée

6.6.1 Le repérage des structures de la coupe

Il est indispensable d'analyser la carte avant d'y choisir l'emplacement d'un trait de coupe, ou avant de réaliser une coupe déjà tracée. Cela permet de repérer la position des plis, leur style, la forme ronde ou anguleuse des charnières, les discordances, les failles, leur nature et leur pendage, l'ampleur des chevauchements, etc. On examinera plus spécialement *les environs du trait de coupe*, car on ne trouve pas, juste sur ce trait, toutes les données utiles à la coupe.

Ces observations sont nécessaires aussi pour l'interprétation de la coupe en profondeur. En effet, on n'y dispose plus des données précises de surface fournies par la carte, qui permettent de bien contraindre le dessin de la partie supérieure de la coupe. L'incertitude augmente en profondeur, ce qui implique l'interprétation. L'extrapolation sera d'autant plus

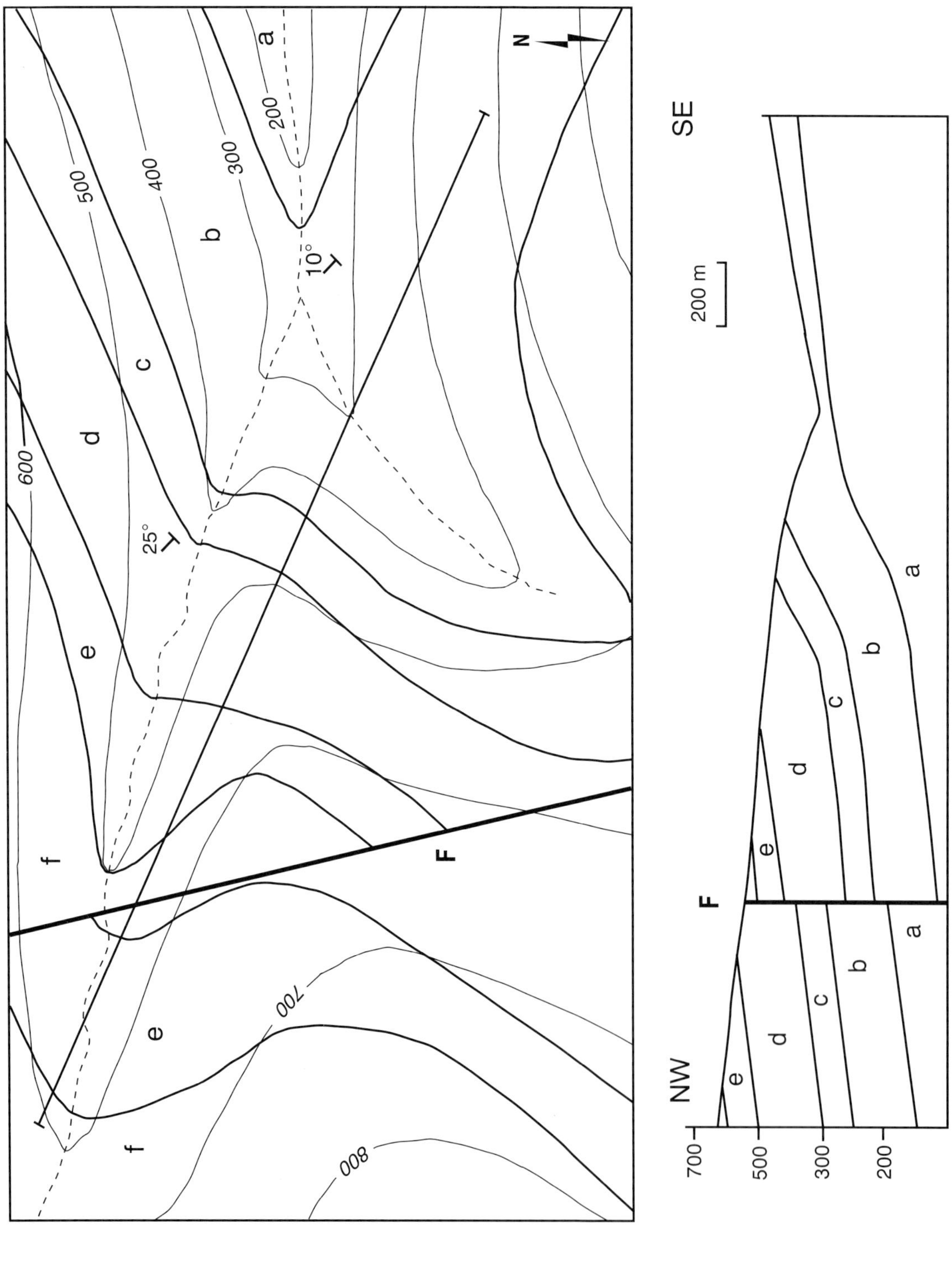

Figure 6.4.
Schéma de carte géologique et coupe en structure monoclinale.

fiable qu'elle tiendra compte des observations régionales obtenues par l'examen d'ensemble de la carte.

6.6.2 La partie superficielle de la coupe

Les contours des terrains tracés sur la carte géologique représentent l'intersection des limites de ces terrains avec le relief modelé par l'érosion (par exemple Fig. 6.2). La géométrie de ces intersections permet de construire précisément la partie superficielle de la coupe géologique, qui sera ensuite complétée en profondeur.

a) Le repérage des limites de terrains sur le profil topographique

On repère d'abord les positions des limites de terrains et des failles sur le trait de coupe, et on les coche par de petits traits sur le bord du papier millimétré. Celui-ci doit rester bien calé sur les points d'extrémité de la coupe. Puis on descend ces repères le long des lignes verticales du papier millimétré, et on les pointe légèrement sur le profil topographique.

b) Le choix du point de départ pour la construction de la coupe

Où débuter la construction d'une coupe géologique ? Sur les meilleures cartes, avec de nombreux signes de pendages et leur valeur, divers points de départ peuvent être faciles. Mais dans la majorité des cas, il est préférable de commencer par le cœur d'un pli synclinal, ou éventuellement d'un anticlinal. Au niveau de l'axe d'un pli, le pendage d'une couche est localement horizontal dans la coupe. De part et d'autre de l'axe, dans les flancs du pli, le pendage peut être déterminé soit par des signes de pendage, soit par la largeur d'affleurement des couches en connaissant leur épaisseur, ou encore par l'intersection des limites de couches et des courbes de niveau (méthode des horizontales, voir chapitre 3). Le dessin du pli est un bon point de départ pour prolonger la construction de la coupe.

Si de grandes failles ou des chevauchements divisent la coupe en compartiments qui diffèrent beaucoup par la nature des terrains, leurs âges, ou leur structuration, il peut s'avérer nécessaire de construire indépendamment chaque compartiment pour réaliser la coupe.

c) La suite de la construction de la coupe

Après avoir réalisé le secteur de départ de la coupe, la construction se poursuit de proche en proche, en projetant verticalement les limites des terrains sur le profil topographique. Connaissant le pendage et/ou l'épaisseur, on trace la base de la couche jusque sous la précédente.

L'exactitude d'une coupe en structure plissée dépend du respect de l'épaisseur des couches, de la régularité et de la finesse du dessin. La partie superficielle de la coupe doit être précise avant d'être complétée en profondeur.

6.6.3 La partie profonde de la coupe

S'il est facile de compléter une coupe en profondeur en structure tabulaire, il n'en est pas de même en structure plissée et faillée : le manque de données y oblige à une part d'interprétation, tout en respectant des règles géométriques et en gardant une réflexion logique sur la déformation.

a) L'extrapolation des plis

Sauf indication contraire visible sur la carte ou signalée dans la notice, on considère que le plissement des séries sédimentaires est **isopaque**, c'est-à-dire que l'épaisseur des couches reste constante. Cette règle sera respectée pour compléter la coupe vers le bas.

Dans les synclinaux, c'est en surface que le pli est le plus serré, son rayon de courbure le plus petit. En profondeur, le pli s'élargit et le dessin de couches d'épaisseur constante ne pose pas de problème.

Il n'en est pas de même dans les anticlinaux : c'est en haut que le rayon de courbure des couches est le plus grand. En profondeur, il diminue au point que la charnière peut devenir anguleuse, et qu'en dessous il est impossible de garder constante l'épaisseur des couches. En fait, dans la nature, des déformations complexes ont lieu dans ces charnières serrées : replis disharmoniques et petites failles difficiles à représenter dans une coupe. Il est alors préférable d'écraser et d'amincir modérément les couches dans les charnières anticlinales très serrées.

b) Les chevauchements

Les chevauchements sont des failles inverses à faible pendage (moins de 30°) ; parfois subhorizontaux. On les reconnaît sur une carte à un tracé contourné dû à ce faible pendage (figure 4.8), et parce qu'ils amènent, en les coupant obliquement, des terrains anciens à chevaucher des terrains plus récents (planche A.11, La Javie). Cette superposition implique un raccourcissement de la région : les chevauchements sont des structures compressives généralement associées à des plis (planche A.7, Chambéry). L'ampleur du recouvrement est appelée **flèche** du chevauchement. Dans les chaînes de montagnes de type alpin, de très grands chevauchements (d'échelle crustale) peuvent avoir des flèches de plusieurs dizaines de kilomètres, voire plus de 100 km, qui déborde du cadre d'une carte au 1/50 000. On parle alors de **charriages** ou de **nappes de charriage.**

Un chevauchement peut être une simple faille plate ou peu pentée coupant en biseau une série monoclinale. Il peut aussi se former dans un anticlinal qui se déverse et dont le flanc inverse se cisaille et devient chevauchant. Le dessin de la coupe d'un chevauchement pose deux questions :

– quelle est la flèche du chevauchement et comment représenter ce qui est caché sous le chevauchement ?

– comment les terrains sont-ils plissés au-dessus et au-dessous du contact anormal ?

Pour ce point, comme dans les plis, on détermine les pendages des terrains et leurs variations dans les compartiments chevauchant et chevauchés. Au-dessus du contact, les signes de pendage, les largeurs d'affleurement des couches et les formes de leurs contours mettent en évidence le plissement des couches et sa géométrie. Pour la partie cachée sous le contact, il faut observer sur la carte le compartiment inférieur, chevauché, en avant du contact, ou de part et d'autre du trait de coupe : on regardera le pendage des couches engagées sous le contact, pour voir si elles amorcent une structure synclinale par exemple (planche A.8, Séderon, nord de la coupe).

Le dessin des terrains cachés sous un chevauchement est difficile : il présente une part d'interprétation variable selon les informations fournies par la carte. Chercher à comprendre le mécanisme de formation du contact cisaillant permettra d'éviter de dessiner des invraisemblances structurales dans la géométrie des couches près du chevauchement.

Dans le cas d'un anticlinal déversé et cisaillé, il peut subsister sous le contact une partie de synclinal cisaillé (planche A.8, Séderon).

Dans le cas du cisaillement oblique d'une série monoclinale, sans plissement notable, la nature chevauchante du contact peut cependant se marquer par de petits **rebroussement de couches**, ou **crochons de faille**, au-dessous et au-dessus du contact, par des copeaux de terrains entraînés sous le contact, ou des écailles.

Un chevauchement et un pli sont souvent associés dans leur formation. Ce processus obéit à des règles mécaniques et géométriques qui sont prises en compte dans la technique de restauration des **coupes équilibrées**. Cette technique, qui ne peut être développée dans le cadre de cet ouvrage, vise à déplier les coupes dans les régions raccourcies par des plis et des chevauchements, mais aussi étirées par des failles normales, pour les restaurer dans leur état avant déformation, estimer le taux de déformation, et retrouver les étapes de celle-ci. Sans entrer dans le détail de cette technique, il faut penser, en dessinant la coupe, à la façon dont les structures se sont formées pour aboutir à leur état actuel, et en donner un dessin vraisemblable mécaniquement.

c) *Le pendage des failles en profondeur*

Le pendage des failles peut parfois être estimé sur les cartes par leur intersection avec la topographie (voir chapitre 3, et planche A.3, Molsheim et Bessèges). En pratique, c'est surtout possible dans le cas de failles à faible pendage comme les chevauchements. Si le pendage des failles dépasse 60° et que le relief est peu prononcé, les tracés des failles sont quasi rectilignes sur les cartes, et l'on ne peut déterminer leur pendage, ni même de quel côté elles pendent. On peut alors chercher sur la carte une autre faille de même direction, dans le même contexte tectonique, dont le pendage est déterminable, et par analogie attribuer un pendage semblable à la faille posant problème.

Il n'est pas recommandé de ménager la chèvre et le chou en traçant des failles verticales. Celles ci sont rares, surtout dans les régions plissées, et la coupe paraîtra irréaliste mécaniquement. Il est préférable de tenir compte du contexte tectonique pour choisir un pendage. Ainsi, sachant que les plis résultent d'une tectonique en compression, on choisira le pendage des failles parallèles aux axes des plis de façon qu'elles soient inverses, en supposant qu'elles ont joué dans la même compression (planche A.6, Pontarlier). Cependant, la tectonique a pu être **polyphasée**, c'est-à-dire que de l'extension a succédé à de la compression, ou inversement.

Dans une région ayant subi une tectonique en extension marquée par un fossé d'effondrement (**graben**), si le pendage des failles bordières n'est pas visible sur la carte, on choisira de tracer des failles normales (planche A.4, Clermont-Ferrand).

On a tendance à poursuivre le tracé des failles en profondeur de façon rectiligne. Or les observations de terrain, certaines cartes géologiques, des données géophysiques (profils sismiques) ou encore des travaux souterrains (forages, tunnels) montrent que le pendage des failles peut varier en profondeur. Ainsi, certaines failles préexistantes ou formées dans le début du plissement ont pu jouer tout en étant pliées progressivement en même temps que les couches (planches A.6 et A.8, Pontarlier, Séderon). De telles interprétations en profondeur sont difficiles, même pour les initiés aux coupes géologiques. Mais il faut se souvenir que le pendage des failles peut varier en profondeur, et que cela rend plus réaliste mécaniquement le dessin de certaines failles.

d) *Ce qui est caché sous les discordances*

La discordance (Chap. 4) est un phénomène d'intérêt majeur en géologie : elle indique l'existence d'un ou plusieurs événements tectoniques. Son importance est variable en intensité et en étendue, et donc sa signification : parfois mineure et d'importance seulement locale, parfois régionale. Il existe des discordances majeures à l'échelle d'un pays ou d'un continent : en France par exemple la discordance générale des terrains sédimentaires secondaires sur les terrains plissés, métamorphiques ou granitiques de l'ère primaire (planches A.1 France, A.2 Millau, A.16 Carcassonne, A.3 Molsheim, A.10 Grasse-Cannes, A.4 Clermont-Ferrand).

Dans une coupe présentant une discordance, il faut essayer de déterminer ou d'imaginer la disposition des terrains anciens masqués par les terrains discordants. Pour cela, on examine sur la carte les terrains anciens visibles, de part et d'autre de la coupe, pour déterminer leur nature et leur disposition géométrique, afin de les prolonger au niveau de la coupe, où ils sont cachés par les terrains discordants. Prenons l'exemple de la carte des Alpilles (planche A.14) : la coupe N-S passe par les Baux de Provence. Le village est bâti sur les restes subhorizontaux de calcaires marins d'âge miocène, que l'érosion a largement fait disparaître tout autour, ce qui permet de voir leur substratum. À l'Est et à l'Ouest de la coupe, ces calcaires reposent en discordance sur différentes formations continentales du Crétacé supérieur et du Paléocène. La succession des couches, identique à l'Est et à l'Ouest, montre un plissement en un synclinal d'axe E-W, qui a été érodé avant la transgression de la mer miocène. Ce synclinal résulte d'une compression sensiblement N-S, postérieure à de l'Éocène, visible à l'Ouest, et antérieure au Miocène discordant ; c'est la compression fini-pyrénéenne connue dans le midi de la France. Pour placer dans la coupe les limites des couches du synclinal sous le Miocène discordant, on relie leurs limites d'affleurement à l'Est et à l'Ouest du Miocène, et on pointe l'intersection de ces lignes avec le trait de coupe.

Le Miocène repose avec un angle fort sur les couches plissées : il s'agit d'une **discordance angulaire**.

Le même extrait de carte montre un bel exemple de discordance plus faible, parfois sans angle appréciable sur le terrain, la **discordance cartographique** : en divers endroits de la carte, un niveau à bauxite repose sur les calcaires marins du Crétacé inférieur. Tantôt sur l'Hauterivien supérieur (n_{3b}), tantôt sur le Barrémien – ou Urgonien – ($n_{4b\text{-}a}$). La bauxite, minerai de l'aluminium, dont le nom vient précisément des Baux de Provence, est une formation continentale déposée sur des calcaires qui ont émergé et ont été érodés ou dissous par l'eau (karstification). Sur la carte, la bauxite repose pendant des kilomètres sur n_{3b}, puis sur $n4_{b\text{-}a}$, couches peu épaisses et érodées dont l'épaisseur varie de 0 à 200 m environ. Cela signifie que l'angle de discordance de la bauxite sur les calcaires est très faible. La discordance n'est pas angulaire, mais cartographique : il faut se déplacer de plusieurs kilomètres, aller d'un point à un autre de la carte, pour que le substratum de la bauxite change. Celui-ci n'a donc pas subi de déformations tectoniques fortes entre son émersion et le dépôt de la bauxite.

Il est parfois impossible de savoir ce que cache une discordance majeure, comme en France celle des terrains sédimentaires secondaires ou tertiaires tabulaires discordants sur un socle primaire granitique et métamorphique très complexe et varié. Quand on ne peut extrapoler raisonnablement les contours des terrains du socle sous le trait de coupe, mieux vaut regrouper ces terrains sous un même figuré, de granite ou de roche métamorphique indifférenciée, et signaler dans la légende de la coupe ce qui est regroupé sous ce figuré.

e) *Ce qui est caché sous les formations superficielles récentes*

Les formations superficielles récentes, souvent quaternaires, sont de nature et d'origine variées :

– alluvions fluviatiles (sables, galets, limons de plaines d'inondation) le long des cours d'eau ;

– sols, paléosols, limons, lœss (éolien) des plateaux et plaines ;

– colluvions et autres masses de matériau qui ont glissé sur les pentes de versants souvent argileux ;

– moraines et dépôts fluvio-glaciaires des vallées glaciaires (Alpes, Pyrénées) ou des surfaces montagneuses qui furent couvertes de glace dans les périodes froides du Quaternaire (Alpes, Pyrénées, Jura, Vosges, Massif Central) ;

– tabliers d'éboulis caillouteux de versants, écroulements rocheux catastrophiques, en général au pied de corniches calcaires ou d'autres roches dures ;

– glissements de terrains, etc.

Dans une coupe géologique au 1/50 000, on s'intéresse essentiellement aux terrains plus anciens et à leurs structures. Les formations superficielles sont en général trop minces pour pouvoir être représentées, et sont parfois jugées gênantes car elles masquent leur substratum !

Les cartographes n'ont pas toujours accordé la même importance aux formations superficielles : parfois presque ignorées, elles sont sur d'autres cartes largement représentées, au point de rendre difficilement lisible le substratum.

Les formations récentes masquent les limites des terrains sous-jacents : dans une coupe, il faut, comme pour les discordances, extrapoler ces limites à partir des secteurs voisins où elles sont visibles.

Les failles et chevauchements sont souvent représentés en tiretés sous les formations superficielles ; cela indique leur position approximative. Mais cela ne veut pas dire (sauf spécification) que ces accidents ont affecté les formations récentes.

6.7 La finition de la coupe géologique

Une fois le dessin des couches et des accidents tectoniques achevé, il reste à réaliser sa finition.

▶ Les figurés

Un figuré représente la lithologie dominante d'une formation. Pour éviter des ambiguïtés d'interprétation ou des figurés fantaisistes, il existe des figurés conventionnels dont les principaux sont donnés dans le tableau 6.1.

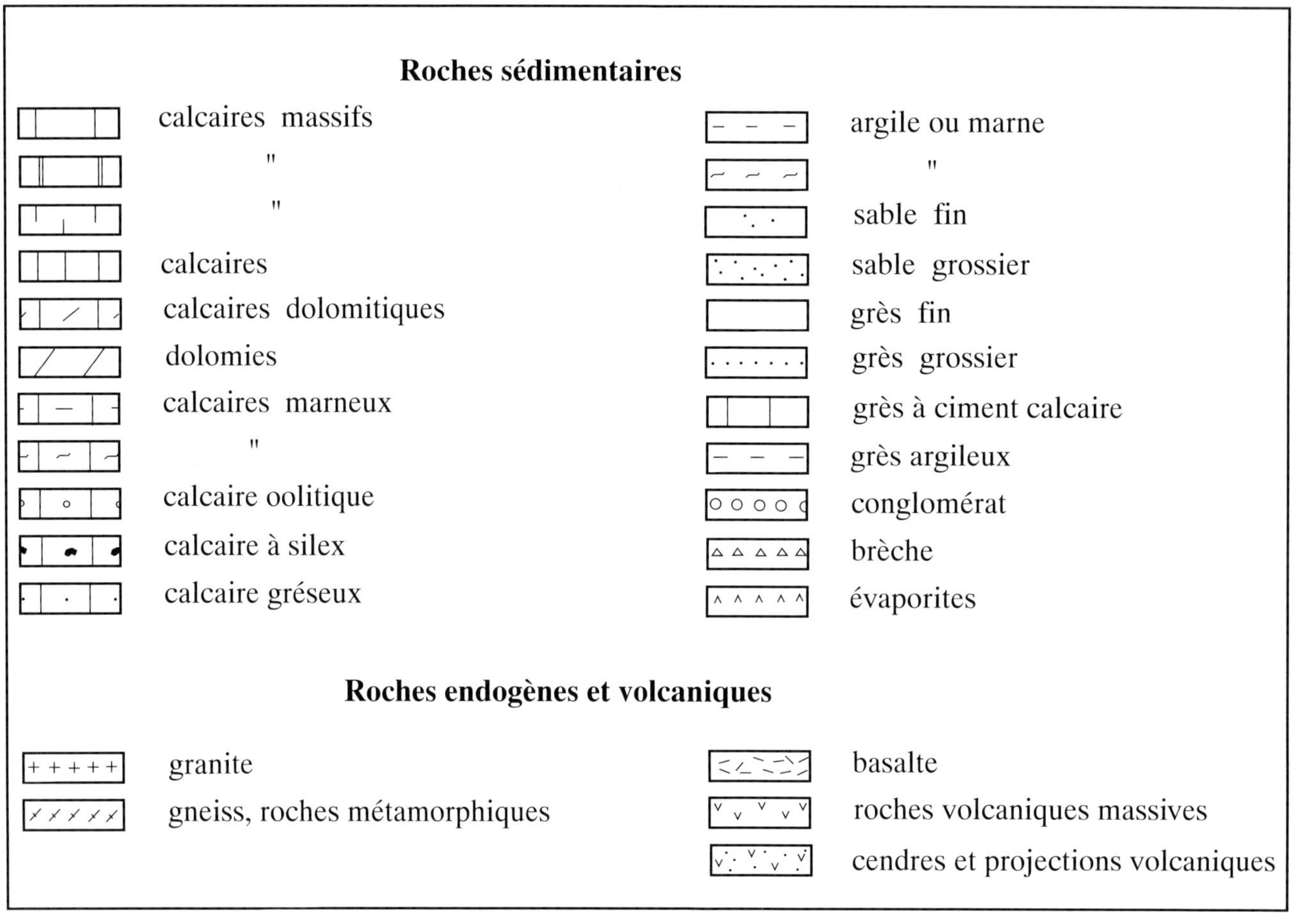

Tableau 6.1.
Principaux figurés lithologiques conventionnels.

Les bancs calcaires et leur réseau de diaclases (fractures) sont figurés par des moellons, que l'on peut faire varier en les espaçant plus ou moins, en les dédoublant, etc. Les argiles et les marnes se représentent par des tirets plus ou moins longs, des vaguelettes, que l'on peut associer aux moellons pour des calcaires marneux par exemple.

Les figurés seront aussi réguliers que possible, et suivront le plissement des couches : les traits des moellons doivent être perpendiculaires aux lignes du mur et du toit de la couche (Fig. 6.5).

Sauf si une formation est très épaisse, il est préférable de ne pas la subdiviser dans son épaisseur, ce qui surcharge la coupe. Sinon, les traits de subdivision doivent suivre le mur et le toit de l'ensemble et être tracés plus finement que ceux-ci.

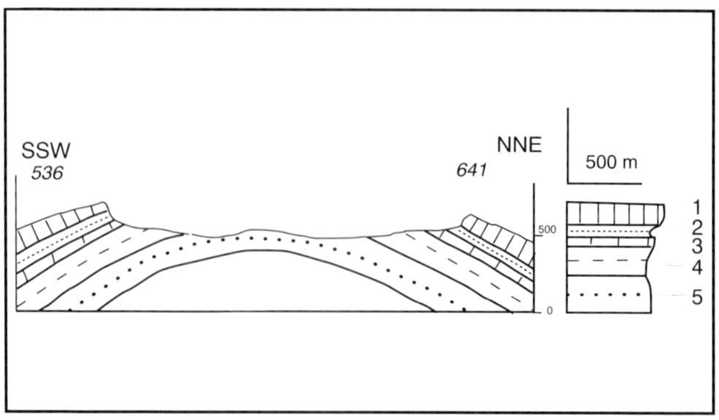

Figure 6.5.
Exemple de représentation de figurés dans des couches plissées.

▶ Le titre

Au-dessus ou au-dessous de la coupe, le titre doit permettre une identification claire, même pour vos petits-enfants : *Coupe sur la carte géologique de Carcassonne au 1/50 000*, par exemple.

▶ L'orientation

Aux extrémités de la coupe, l'**orientation** sera indiquée par des lettres (Fig. 6.5), selon la rose des vents de la figure 1.2.

▶ La toponymie

Au-dessus de la coupe, il faut donner une **toponymie** (noms de lieux, de cours d'eau, de sommets ou crêtes) assez détaillée, les altitudes des **points cotés**, en repérant les lieux par des traits de rappel.

▶ L'échelle

Près de la coupe, on place une **échelle graphique** (Fig. 6.5) : au-dessus d'un trait d'un centimètre, par exemple, on note : 500 m.

▶ Le jeu des failles

Pour mieux ressortir, les failles peuvent dépasser un peu au-dessus du profil topographique.

Des **demi-flèches** indiquent le sens de jeu des failles (Fig. 6.6). Pour les failles décrochantes, on utilise des symboles dérivés d'une flèche d'archer : un point dans un cercle représente la pointe de la flèche (le compartiment) venant vers l'observateur, une croix dans un cercle les plumes de l'arrière de la flèche (le compartiment) s'éloignant de l'observateur.

▶ La colonne lithostratigraphique

À droite de la coupe et à la même hauteur, une **colonne lithostratigraphique** de 2 à 4 cm de large permettra de reconnaître les terrains par leurs figurés et leurs épaisseurs (voir les exemples sur les coupes de l'annexe). Le bord droit de la colonne pourra, par des saillants et des rentrants, comme on en voit par exemple dans des falaises, refléter la résistance des couches à l'érosion. Cette résistance se déduit des relations que l'on observe sur la carte entre les formes de relief et les changements de terrains, ou de la lithologie indiquée dans la légende ou la notice de la carte. À droite de la colonne, par des traits de rappel disposés en éventail, on indiquera l'âge des terrains par leur nom d'étage. Par rapport à une légende des terrains donnée dans des cartouches rectangulaires, la colonne lithostratigraphique est plus esthétique, plus réaliste car elle reprend l'épaisseur des terrains et donc leur figuré à l'échelle de la coupe.

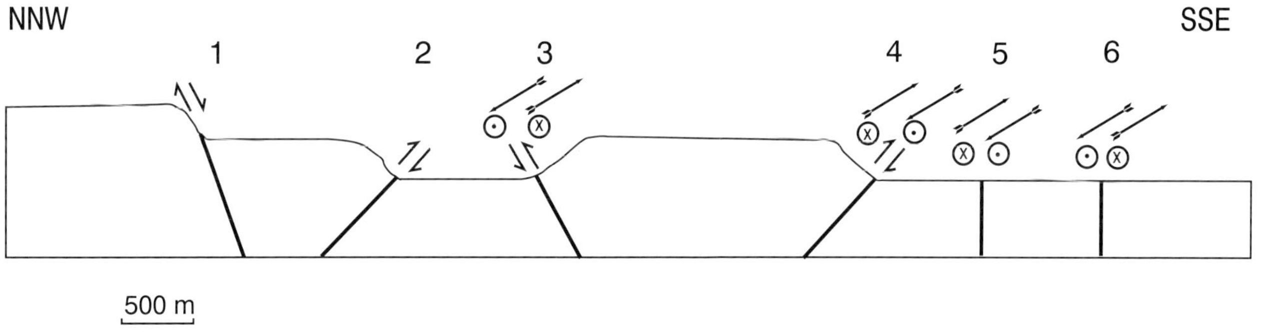

Figure 6.6.
Symboles indiquant le jeu des failles. Faille normale (1) et inverse (2). Les cercles avec des points ou des croix indiquent un jeu décrochant dextre (5) ou sénestre (6). La faille (3) est sénestre-inverse, la (4) dextre-inverse. Les flèches en perspective illustrent le mouvement correspondant aux symboles décrochants, mais ne doivent pas figurer sur la coupe.

Bibliographie

Références bibliographiques

J. Aubouin, J. Dercourt et B. Labesse; *Manuel de travaux pratiques de cartographie*, Paris, Dunod, 1970.

G. M. Bennison and K. A. Moseley, *An introduction to geological structures and maps*. Londres, Arnold, 6e édition, 1997.

A. Bonte, *Introduction à la lecture des cartes géologiques*, Paris, Masson, 3e édition, 1958.

D.M. Ragan, *Structural Geology. An introduction to geometrical techniques*, 2e édition, New York, J. Wiley, 1973.

Cartes géologiques

– cartes géologiques de la France à 1/50000;

– carte géologique de la France à 1/1000000, 6e édition, 1997.

Éditions du BRGM, Orléans.

Site Internet http://infoterre. brgm. fr

Pour des informations régionales

Guides géologiques régionaux, Paris, Masson.

Pour des informations théoriques en Sciences de la Terre

J. Dercourt, *Géologie et géodynamique de la France*, Paris, Dunod 2e édition, 1998.

C. Pomerol, *Éléments de géologie*, Paris, Masson, 11e édition, 1997.

Série *Géosciences*, sous la direction de Jean Aubouin, Membre de l'Institut, Paris, Dunod :

– *Minéralogie*, Alain Baronnet

– *Micropaléontologie*, Gérard Bignot

– *Océanologie*, Bernard Biju-Duval

– *Pétrologie*, Bernard Bonin

– *Géophysique*, Michel Cara

– *Paléontologie des Vertébrés*, Jean Chaline

– *Sédimentologie*, Hervé Chamley

– *Stratigraphie*, Pierre Cotillon

– *Paléontologie des Invertébrés*, Raymond Enay

– *Tectonique*, Jacques Mercier et Pierre Vergely

– *Géodynamique*, Laurent Jolivet et Henri-Claude Nataf

– *Géochimie*, Philippe Vidal

Annexe

Études de cartes et coupes géologiques

Planche A.1 - La géologie de la France

Carte au 1/2 500 000 éditée par la Commission de la Carte Géologique du Monde et publiée par la Bundesanstalt für Bodenforschung et l'Unesco.

La France géologique comprend divers ensembles – massifs anciens, chaînes récentes, bassins... – formés de terrains de nature et d'âge très différents dont les plus anciens dépassent deux milliards d'années.
Les extraits de cartes qui suivent ont été choisis dans la moitié SE de notre pays pour des raisons aussi diverses que la topographie, la nature et l'intérêt pédagogique des objets géologiques des cartes disponibles (cartes au 1/50 000 éditées par le BRGM).

La France est constituée d'un socle, ou substratum **de massifs anciens** (Massif Armoricain, Massif Central, Vosges et Ardennes), de grands **bassins sédimentaires** (bassin parisien et d'Aquitaine) et de **chaînes récentes** (Alpes, Pyrénées – Languedoc – Provence, Jura).

Les massifs anciens

Ces massifs qui sont les éléments constitutifs du cycle varisque, sont formés de terrains protérozoïques et paléozoïques sédimentaires déformés et généralement transformés (métamorphiques) et intrudés de nombreux plutons granitiques. Ces déformations et ces transformations ce sont produites lors de phases orogéniques vers 550-650 Ma (phase cadomienne) et entre 285 et 435 Ma, lors de la période hercynienne (PL A.15 et PL A.16).

Les bassins sédimentaires

Après une érosion importante et généralisée du Carbonifère supérieur au début du Trias qui nivelle les reliefs créés lors de l'orogenèse hercynienne, s'installent dès le début du Mésozoïque de vastes bassins, le bassin parisien et le bassin aquitain ; le SE de la France (bassin du SE) représente alors la marge complexe (hauts-fonds et bassins) de la Téthys océanique d'où va bientôt naître la chaîne alpine.
Le bassin parisien a la forme d'une vaste cuvette centrée sur la région parisienne et déborde sur le sud de l'Angleterre. Dans cette cuvette subsidente se sont accumulés plus de 3 000 mètres de sédiments secondaires et tertiaires. Les séries jurassique moyen et crétacé supérieur transgressent légèrement vers l'ouest sur le socle armoricain.
Le bassin aquitain, de même âge, verra sa partie sud engagée dans la tectonique tertiaire qui structure la chaîne des Pyrénées (PL A.5).

Les chaînes récentes

Dans ces éléments du cycle orogénique alpin, on distingue :
- le secteur Pyrénées – Languedoc – Provence, formé essentiellement du Crétacé supérieur au début du tertiaire (Éocène) (PL A.5, PL A.9, PL A.12, PL A.13 et PL A.14). La partie Languedoc – Provence s'est formée en remobilisant le bassin du SE, entre le sud du Massif Central et la future chaîne alpine ;
- les Alpes, dont la formation s'étend sur plus de 150 Ma ; la structuration de ses zones externes (PL A.7, PL A.8, PL A.10, PL A.11) et du Jura (PL A.6) s'achève dans la fin du tertiaire (Miocène et Pliocène).

Une période d'extension majeure a affecté l'Europe occidentale de la Méditerranée à la mer du Nord, provoquant la formation de fossés dans le Languedoc (PL A.3b), en Alsace (fossé rhénan, PL A.3a) et au cœur du Massif Central (les limagnes, PL A.4). Cette dernière région est le lieu d'un volcanisme important qui débute à l'Oligocène pour se terminer au Quaternaire (PL A.4).

Remarque : *Concernant les extraits de cartes géologiques des planches A.2 à A.16, les cartouches de couleur correspondant aux différentes formations qui figurent dans la légende des cartes originales du BRGM n'ont pas été reproduits pour ne pas réduire la surface des extraits de cartes. L'âge des formations présentes dans les coupes géologiques peut cependant être retrouvé grâce à leurs indices qui sont repris dans les colonnes lithologiques accompagnant les coupes.*

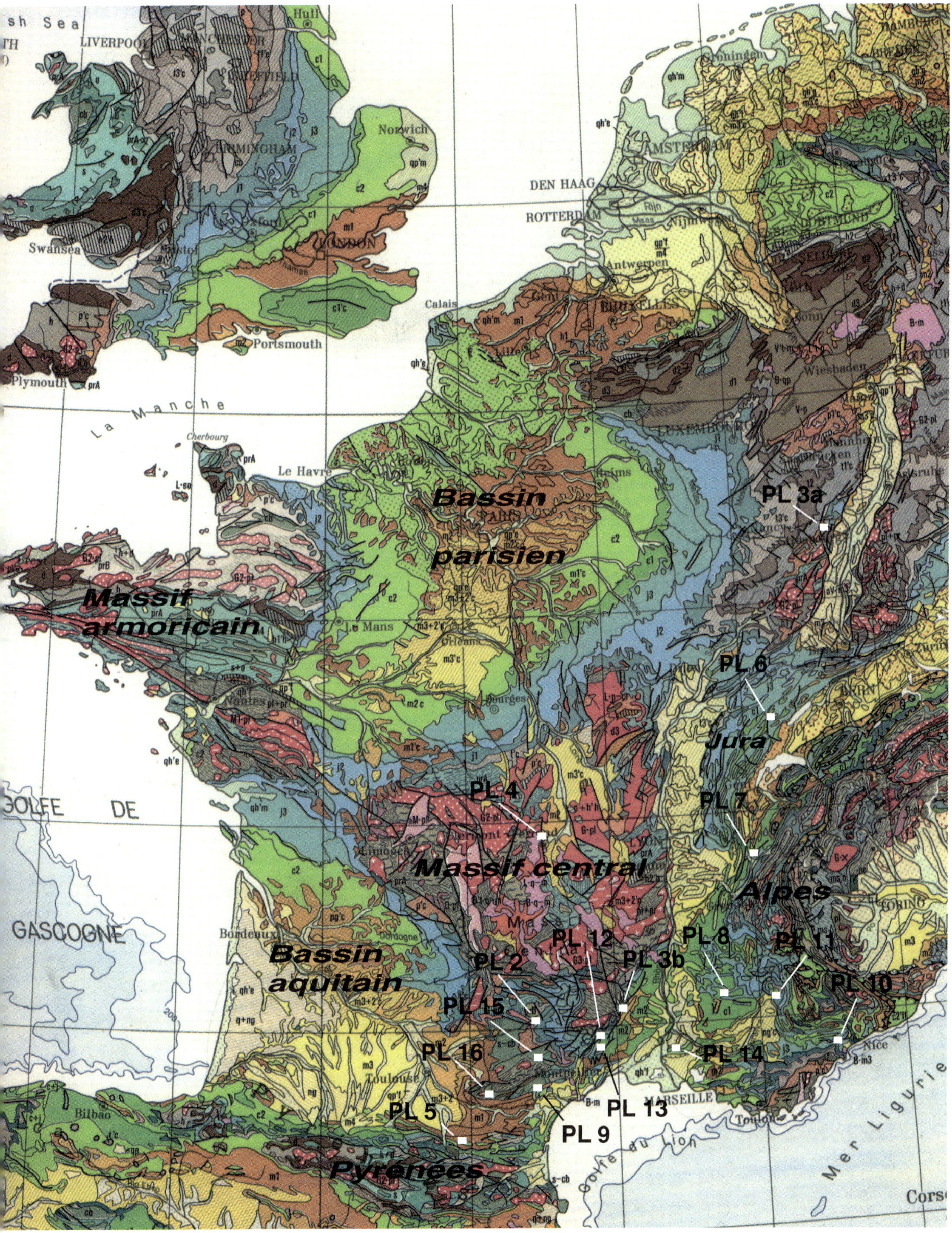

Bassin parisien
Massif armoricain
Massif central
Bassin aquitain
Pyrénées
Jura
Alpes
PL 2
PL 3a
PL 3b
PL 4
PL 5
PL 6
PL 7
PL 8
PL 9
PL 10
PL 11
PL 12
PL 13
PL 14
PL 15
PL 16
La Manche
GOLFE DE GASCOGNE
Golfe du Lion
Mer Ligurie
LIVERPOOL
Swansea
Plymouth
Portsmouth
Norwich
Hull
DEN HAAG
ROTTERDAM
Antwerpen
Calais
Cherbourg
Le Havre
Le Mans
Bourges
Bordeaux
Toulouse
Montpellier
MARSEILLE
Toulon
Nice
Bilbao
Wiesbaden

ST-ROME-DE-TARN
St-Georges-de-Luzençon
Comprégnac
Bois Grand
Sargels
Cantalouve
les Lauzières
Puech d'Auriac
Mayrin
Craissaguet
St-Ferréols
Vialgues
Lavencas
St-Beniez-de-Bertrand
St-Hippolyte
Candas
la Cadenède
Lastuéjouls

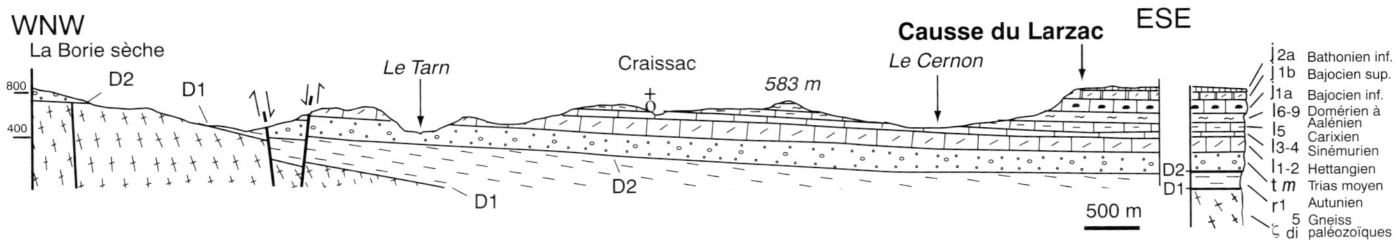

Planche A.2 – Structure tabulaire : feuille Millau (935)

Cet extrait du coin NW de la feuille de Millau est situé sur le bord sud du Massif Central. Le paysage y est déterminé par le creusement des vallées du Tarn et de ses affluents ; à l'Est de Saint-Georges-de-Luzençon débute le plateau du Causse du Larzac. Ce secteur montre au NW le socle métamorphique paléozoïque (ξ et δ) du Massif Central, érodé et recouvert en discordance angulaire majeure par un ensemble détritique (r1) d'âge Stéphanien (Carbonifère supérieur) à Autunien (Permien inférieur). Puis, avec une seconde discordance, le Trias est transgressif et une série marine continue s'accumule jusqu'au Bathonien (j2) au moins sur cet extrait de carte.

Caractères de la structure tabulaire

Les limites des formations de la série secondaire longent les courbes de niveau, montrant que les couches sont d'altitude constante, subhorizontales. À l'échelle de la coupe, les couches descendent doucement vers l'Est.

Dans le versant du causse à l'Est de Saint-Georges-de-Luzençon, il est possible d'estimer l'épaisseur d'une formation en comptant le nombre de courbes de niveau qu'elle contient, et en le multipliant par 20 m (équidistance des courbes de niveau) : l8-9a fait ainsi de l'ordre de 80 m, l9b 20 m, j1a 100 à 120 m.

Au Nord-Ouest de la coupe, deux failles orthogonales ont des pendages forts, car elles traversent tout droit, sans faire de « V », la vallée d'un ruisseau affluent du Tarn. Leur rejet (décalage) vertical peut être connu en regardant la différence d'altitude de la limite de couches l1-2/*tm* ; mais leur éventuel rejet horizontal ne peut être déterminé.

Discordances et histoire tectonique

Au Nord-Ouest et au Nord du trait de coupe, on voit très bien l'Autunien (r1) reposer sur différents ensembles métamorphiques du socle paléozoïque complexe, aux limites à pendage fort. La base de l'Autunien, surface régulière basculée vers le Sud-Est, est une partie de la vaste surface d'érosion post-hercynienne que l'on connaît à l'échelle de la France. La discordance est majeure, car c'est en kilomètres qu'il faut compter la remontée de roches métamorphiques par érosion qui les a ramenées en surface.

Après son dépôt, l'Autunien est basculé et partiellement érodé. Ceci se voit au Sud du trait de coupe, où le Trias subhorizontal repose en discordance modérée sur l'Autunien, et même directement en discordance majeure sur le socle hercynien, là où l'Autunien a été érodé.

Après le dépôt de la série secondaire, seules quelques failles témoignent d'une tectonique modérée. Signalons l'existence, au Nord-Ouest de la coupe, d'une faille ancienne dirigée NE-SW qui affecte le socle, et qui est cachetée par l'Autunien d'un côté et le Trias de l'autre.

Morphologie et géologie

L'extrait de carte montre un paysage de collines et de vallons creusés dans les calcaires et les argiles du Lias. C'est dans l'Est de la carte que l'on trouve un élément caractéristique du paysage en structure tabulaire, le début du plateau du Causse du Larzac. Ce plateau est armé par un ensemble résistant à l'érosion de calcaires et dolomies du Jurassique moyen. Ces terrains sont perméables, l'eau s'y infiltre et n'y ruisselle pas, empêchant l'érosion. Ils ne sont sensibles qu'à la dissolution karstique, dont témoignent de nombreuses dolines (dépressions, entonnoirs) et gouffres.

Remarque : La partie profonde de la coupe est interprétée de façon simple, donc incertaine, en faisant les hypothèses suivantes : le Trias a été prolongé en conservant son épaisseur, en discordance légère sur l'Autunien, lui aussi prolongé simplement sans failles.

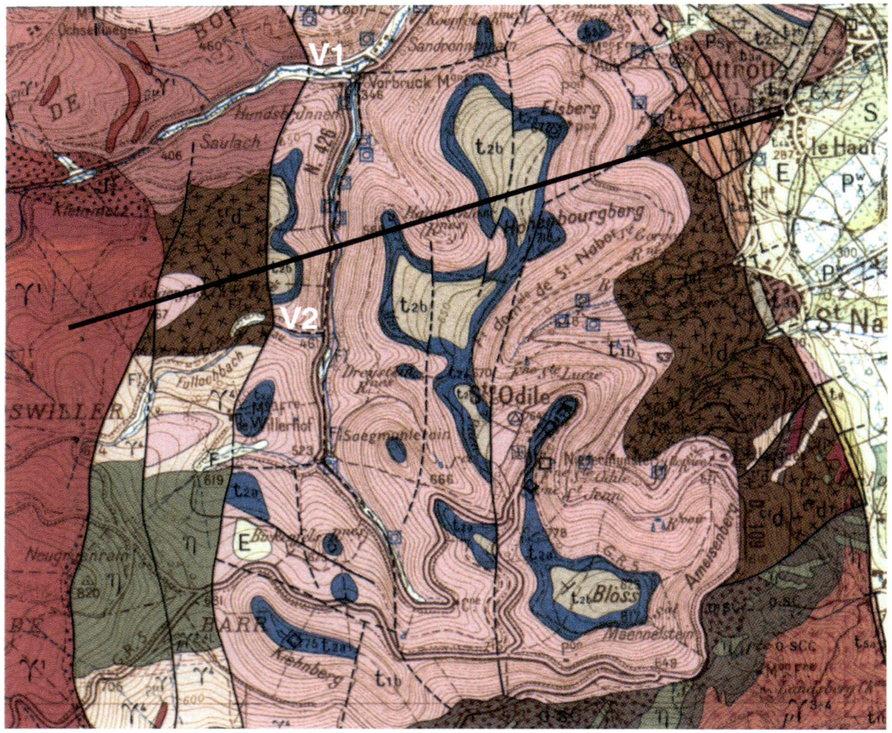
V1
V2
St Odile
Ottrott
le Haut
SWILLER
BARR
Bloss
Saulach

a

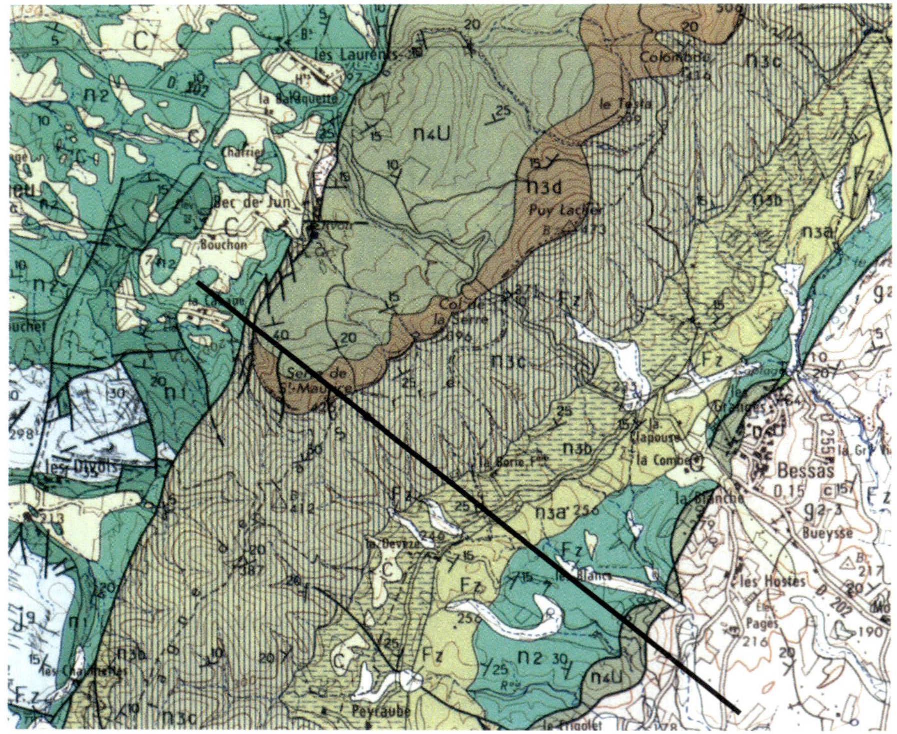
les Laurents
Bec de Jun
Bouchon
Puy Lacher
Colombe
le Testa
Bessas
Bueysse
les Hostes
Peycaube
la Combe
la Blanche
les Duyols

b

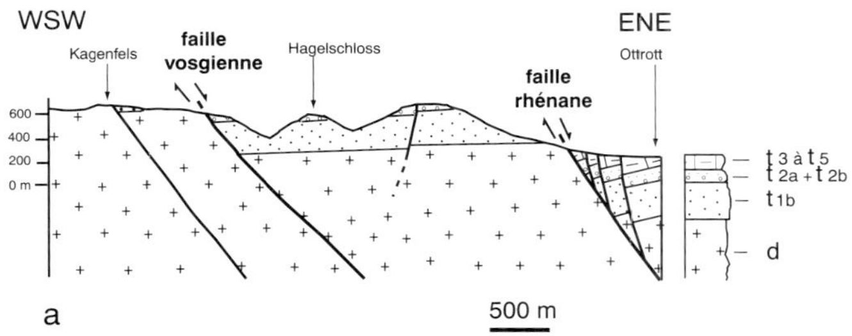

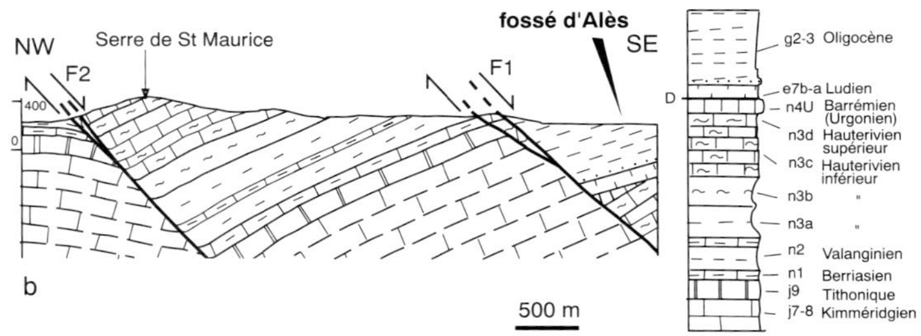

Planche A.3 - Failles normales, tectonique en extension : feuilles Molsheim (271) et Bessèges (888)

Pendant l'Oligocène (33 à 24 Ma environ), un régime de tectonique en extension a affecté la France. Dirigée E-W à NW-SE selon les régions, l'extension a créé des fossés (grabens) tels le fossé rhénan, la Limagne, le bassin d'Alès, remplis de sédiments d'âge oligocène. Limités par des failles normales dont ils forment le toit, ils peuvent atteindre 3 km de profondeur, tandis que le mur des failles peut se soulever puissamment (massifs des Vosges et de la Forêt-Noire). Sur les cartes géologiques, les fossés se repèrent bien par leurs failles bordières et leur remplissage plus jeune que les terrains qui les encadrent.

Il est rare de pouvoir observer, sur les cartes, le sens de pendage de failles normales par la méthode du « V » dans les vallées. En effet, leur pendage est souvent supérieur à 60°, et leur tracé dans un relief peu accentué est alors quasi rectiligne. Dans bien des coupes, force est donc de décider du pendage normal d'une faille par la logique, vers le fossé, après avoir repéré sur la carte les caractères montrant l'existence du fossé.
Ces deux extraits de carte montrent des failles normales d'assez faible pendage, qui peut être déterminé cartographiquement.

a) Carte Molsheim

À l'Ouest de Strasbourg, cet extrait montre une partie du système de failles occidental du fossé rhénan ; il affaisse la plaine d'Alsace, à l'Est, par rapport au massif vosgien soulevé à l'Ouest. Dans ce massif, on observe le socle primaire (D), surtout granitique, très érodé puis recouvert en discordance majeure par les grès et les conglomérats du Trias inférieur et moyen (t1b puis t2a + t2b), le Trias supérieur (t3 à t5) plus franchement marin étant surtout calcaire. La carte et la coupe montrent deux failles majeures : la faille vosgienne (FV) et la faille rhénane (FR), accompagnées de failles secondaires. La faille vosgienne dessine des « V » dans les vallées V1 et V2, qui montrent son pendage vers l'Est, où elle affaisse les terrains d'environ 400 m.
La méthode des horizontales permet d'estimer son pendage autour de 40°. Le relief trop plat empêche de voir le pendage de la faille rhénane qui, par analogie structurale, est dessiné vers l'Est. Les failles secondaires proches d'elle, synthétiques (pendage et affaissement dans le même sens, vers l'Est), en sont probablement des ramifications associées. Compte tenu des épaisseurs des terrains du Trias données par la notice de la carte, son rejet est de l'ordre de 800 m.

b) Carte Bessèges

Au Sud-Est du Massif Central, l'extrait de carte se situe entre les Cévennes et la vallée du Rhône. On y voit à l'Ouest la série marine du Crétacé inférieur et moyen, dont les déformations modérées par la tectonique pyrénéenne au Crétacé supérieur et à l'Éocène supérieur sont peu visibles sur ce petit extrait. Les deux failles F1 et F2 dirigées NNE-SSW appartiennent au grand système de failles des Cévennes qui s'étend sur 150 km au moins de la vallée du Rhône à la Montagne Noire.
Formées au Carbonifère à la fin de l'orogénèse hercynienne, ces failles ont joué à diverses reprises (voir planches A.12 et A.13) ; ici, c'est leur jeu en extension à l'Oligocène qui s'observe le mieux. Les « V » dans les vallées montrent que la faille F1 a un pendage faible, de l'ordre de 30°. Ce faible pendage, le basculement des puissants dépôts oligocènes (g_{2-3}) vers la faille, et les pendages comparables de la série crétacée à l'Ouest de la faille indiquent un basculement d'ensemble des terrains et de la faille lors de la tectonique en extension.
De tels basculements sont fréquemment observés dans les régions ayant subi une extension d'ordre kilométrique.

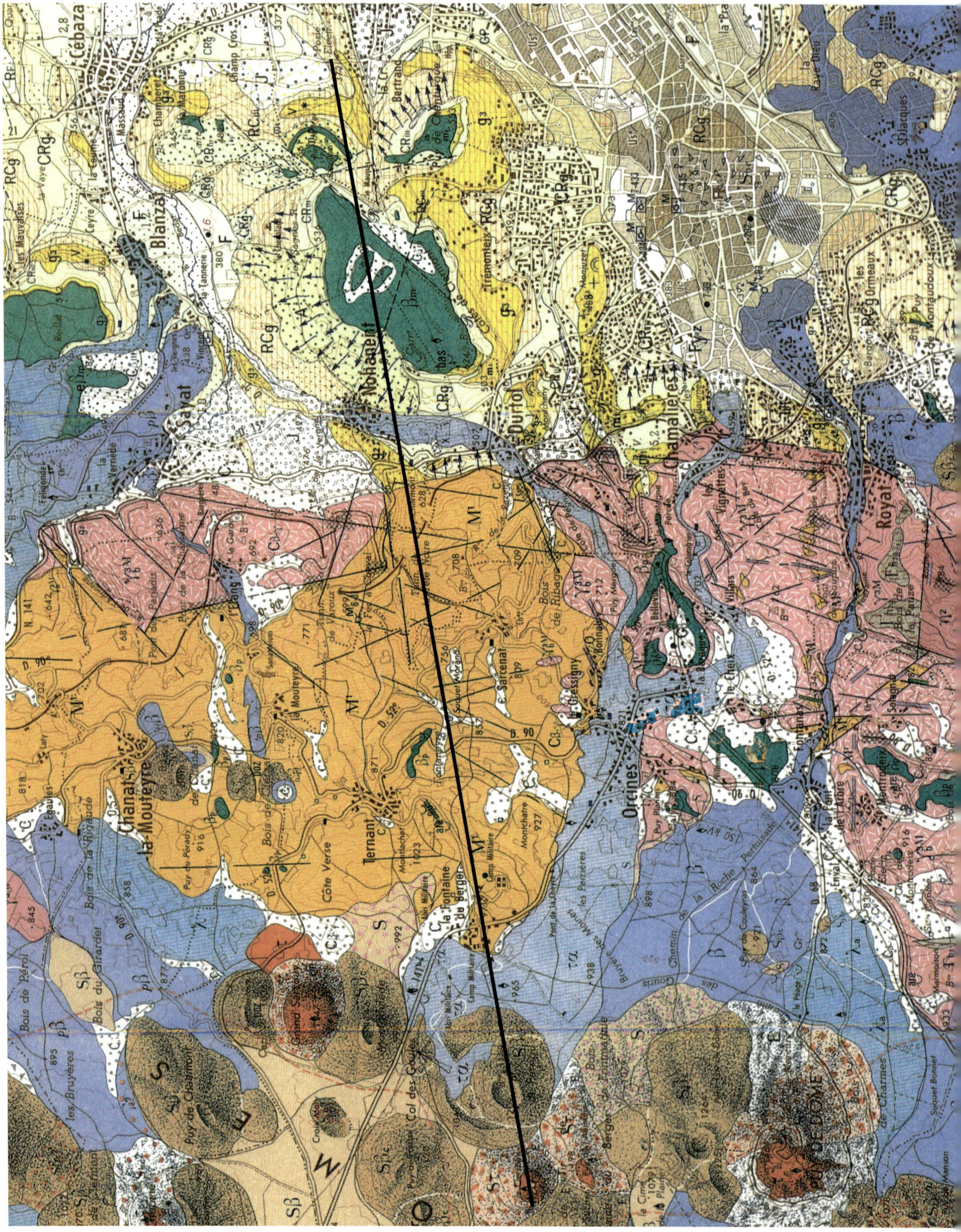

Cébazat
Blanzat
Nohanent
Durtol
Chamalières
Royat
Sayat
Orcines
Ternant
Chanat-la-Mouteyre
Côte Verse
Col des Goules
PUY DE DÔME

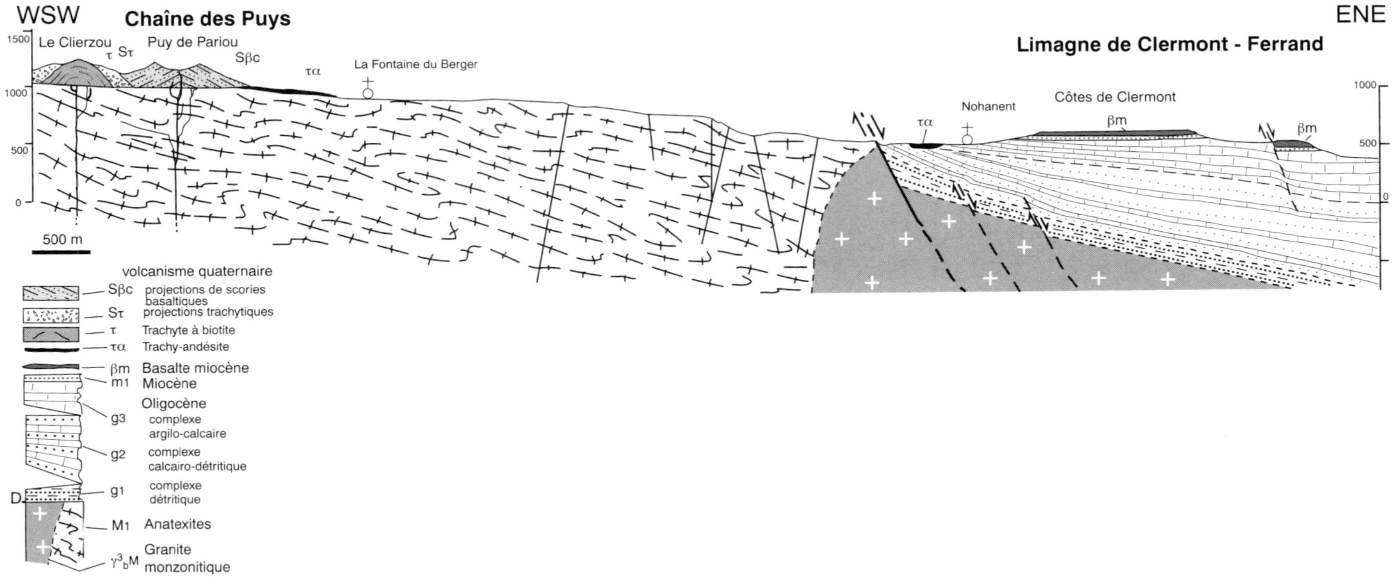

Planche A.4 - Tectonique en extension, graben, et volcanisme : feuille Clermont-Ferrand (693)

Le socle ancien du Massif Central, constitué ici de roches métamorphiques (gneiss d'anatexie antéhercyniens, M^1) intrudées de plutons granitiques hercyniens (γ_b^{3M}), forme un plateau de 700 à 900 m d'altitude qui surplombe vers l'Est la dépression de la Limagne de Clermont.

Celle-ci est formée de dépôts tertiaires très épais (plus de 1 000 m), continentaux (grès, argiles et calcaires lacustres). Le contact entre le socle ancien et les dépôts tertiaires se fait par des failles normales de direction N-S, à fort pendage vers l'Est, délimitant des escaliers descendant vers l'Est. La dépression de la Limagne représente un graben dont on voit ici le bord occidental, mais qui possède vers l'Est une disposition symétrique en bordure des Monts du Forez. Les dépôts tertiaires s'épaississent vers le centre du fossé, où la subsidence était la plus forte.
L'absence de dépôts détritiques grossiers (brèches, blocs, olistolites) au voisinage des failles indique qu'il existait un équilibre entre la sédimentation du fossé et l'érosion des zones de bordure.

Des phénomènes volcaniques se sont produits, d'une part au cours du Miocène et du Pliocène, puis plus récemment au Quaternaire. Les produits des premiers événements volcaniques (coulées de basalte βm, βp), fortement érodés, forment des placages discontinus sur le socle ancien ou le sommet de plateaux (Côtes de Clermont), par inversion de relief due à l'érosion plus facile des dépôts tendres de la Limagne. Les produits du volcanisme récent (Quaternaire) présentent une morphologie bien conservée de cônes volcaniques, de dômes et de coulées de lave.

Sautel
Laroque-d'Olmes
Bois du Ségala
MONTAGNES DU PLANTAUREL
Le Peyrat
La Bastide sur l'Hers
Bois de la Garrosse
Cap de la Monge
Raissac
Dreuilhe
Lesparrou
LAVELANET
Cap de Cambière
St Jean d'Aigues Vives
l'Aiguillon
Crête de l'Arse
Villeneuve-d'Olmes
Bélesta

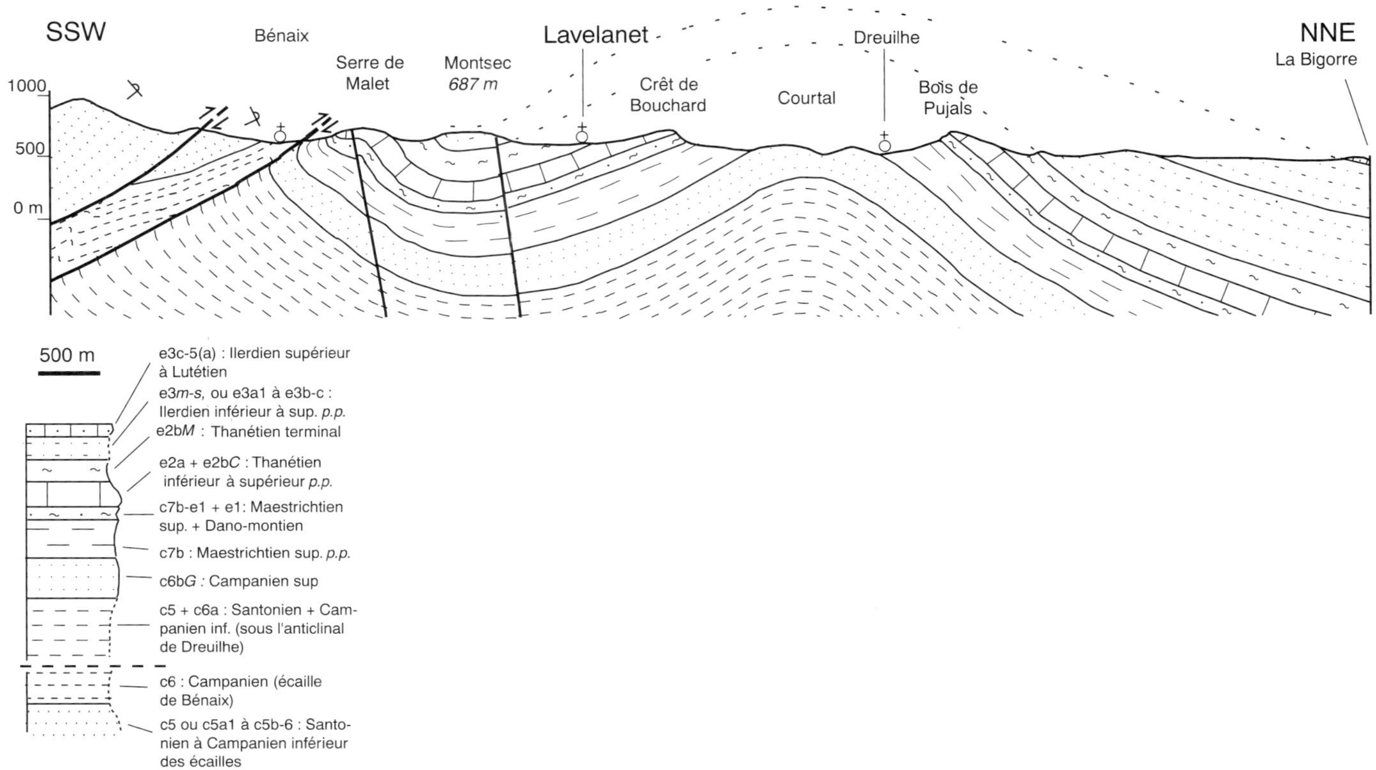

Planche A.5 - Structure plissée simple : feuille Lavelanet (1076)

La carte de Lavelanet est située sur la bordure nord des Pyrénées, à l'Est de celle de Foix. Elle montre les structures les plus externes de la chaîne pyrénéenne, et aussi les plus tardives dans sa structuration : leur âge est surtout fini-éocène (Bartonien) au Nord.

La structure marquante au milieu de l'extrait de carte est le classique anticlinal de Dreuilhe (ou de Lavelanet), d'axe N 110°, dont la terminaison périclinale ouest est bien visible. La carte et la construction de la coupe montrent qu'il s'agit d'un pli presque droit (symétrique), à peine déjeté vers le Nord.

L'érosion des argiles tendres du Maestrichtien supérieur (C7b) a évidé le pli en combe. Ces argiles surmontent des grès plus résistants du Campanien supérieur (C6bG) dont les collines forment un mont dérivé au cœur du pli. Dans les deux flancs du pli, les calcaires durs du Thanétien arment les crêts du Bois de Pujals au Nord et la Crête de Bouchard au Sud. Les « V » dans les vallées des cours d'eau qui traversent le pli en cluse montrent bien le sens de pendage des couches, ainsi que l'intersection des limites de couches avec les courbes de niveau.

Au Sud de Lavelanet, la butte témoin de Montsec, armée par l'Ilerdien moyen et supérieur (e3*m-s*), est un fond de synclinal perché légèrement faillé. Les traits en tiretés prolongeant cette formation vers le nord montrent une forte variation latérale d'épaisseur de la série, dont les subdivisions sur la carte n'ont pas été figurées sur la coupe. Au Nord de l'anticlinal de Dreuilhe, cet épaississement montre une subsidence de l'avant-pays de la chaîne à cette époque ; les puissants apports détritiques qui alimentaient la série proviennent de l'érosion de la chaîne pyrénéenne, en surrection au Sud de l'extrait de carte à cette époque.

Au Sud du synclinal de Montsec, la coupe traverse deux longs contacts anormaux dirigés N 90°. Les indentations du contact méridional dans les vallons montrent son pendage faible vers le Sud. Cet accident fait chevaucher vers le Nord une série renversée, surtout gréseuse, allant du Turonien-Coniacien (C3-4) au Santonien supérieur-Campanien (C5b-6), sur l'unité de Villeneuve d'Olmès – Bénaix. Celle-ci, renversée aussi, est constituée de Santonien (C5) et de Campanien (C6).

On voit bien sur la carte et la coupe que l'intensité de la déformation de la chaîne diminue vers son avant-pays au Nord.

PONTARLIER
Doubs
les Etraches
Meudon
les Prises
Petit Bois
Sauget

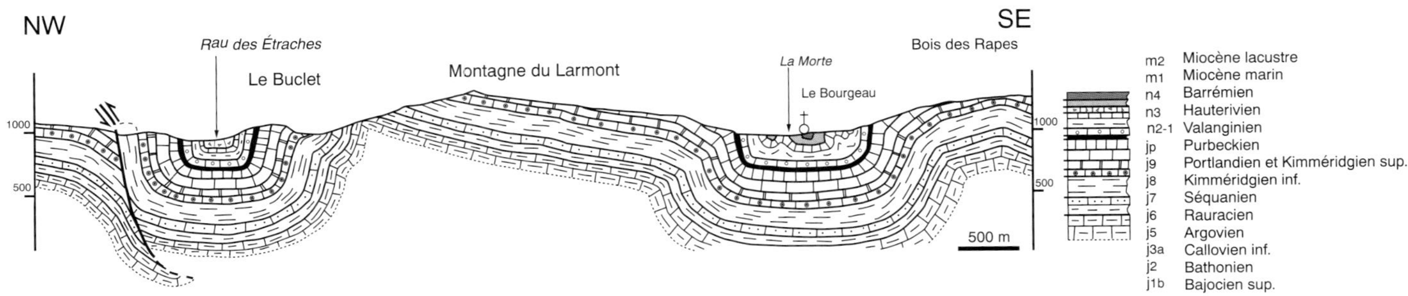

Planche A.6 - Structure plissée de type jurassien : feuille Pontarlier (557)

La carte de Pontarlier se situe entre le Jura externe (au NW), dit Jura plissé et le Jura interne (au SE) appelé Jura des plateaux et des faisceaux.

La région est formée d'une couverture sédimentaire mésozoïque et cénozoïque plissée et faillée. Les plis, de direction NE-SW, sont droits avec généralement des anticlinaux larges et des synclinaux étroits. Les flancs de ces derniers sont parfois verticaux, et leur fond plat et horizontal (synclinaux coffrés ou en auge). Des replis peuvent affecter les terrains miocènes au cœur des synclinaux ; ils sont interprétés comme des phénomènes de glissements gravitaires sur les flancs des synclinaux (collapse), contemporains du plissement.

L'âge du plissement est post-Miocène.

Un accident vertical N-S (faille de Pontarlier) coupe les plis et les déforme à son voisinage, indiquant un jeu sénestre. De plus, la non-correspondance des plis en nombre et en forme, de part et d'autre de cette faille, indique qu'elle a joué pendant le plissement : dans les deux compartiments séparés par la faille de Pontarlier, les plis se sont formés indépendamment. Ces failles, permettant une déformation différente dans les deux domaines qu'elles séparent, sont appelées failles de transfert.

La morphologie de la région est conforme : aux plis anticlinaux correspondent des monts, tandis qu'aux synclinaux correspondent des vallées (vaux).

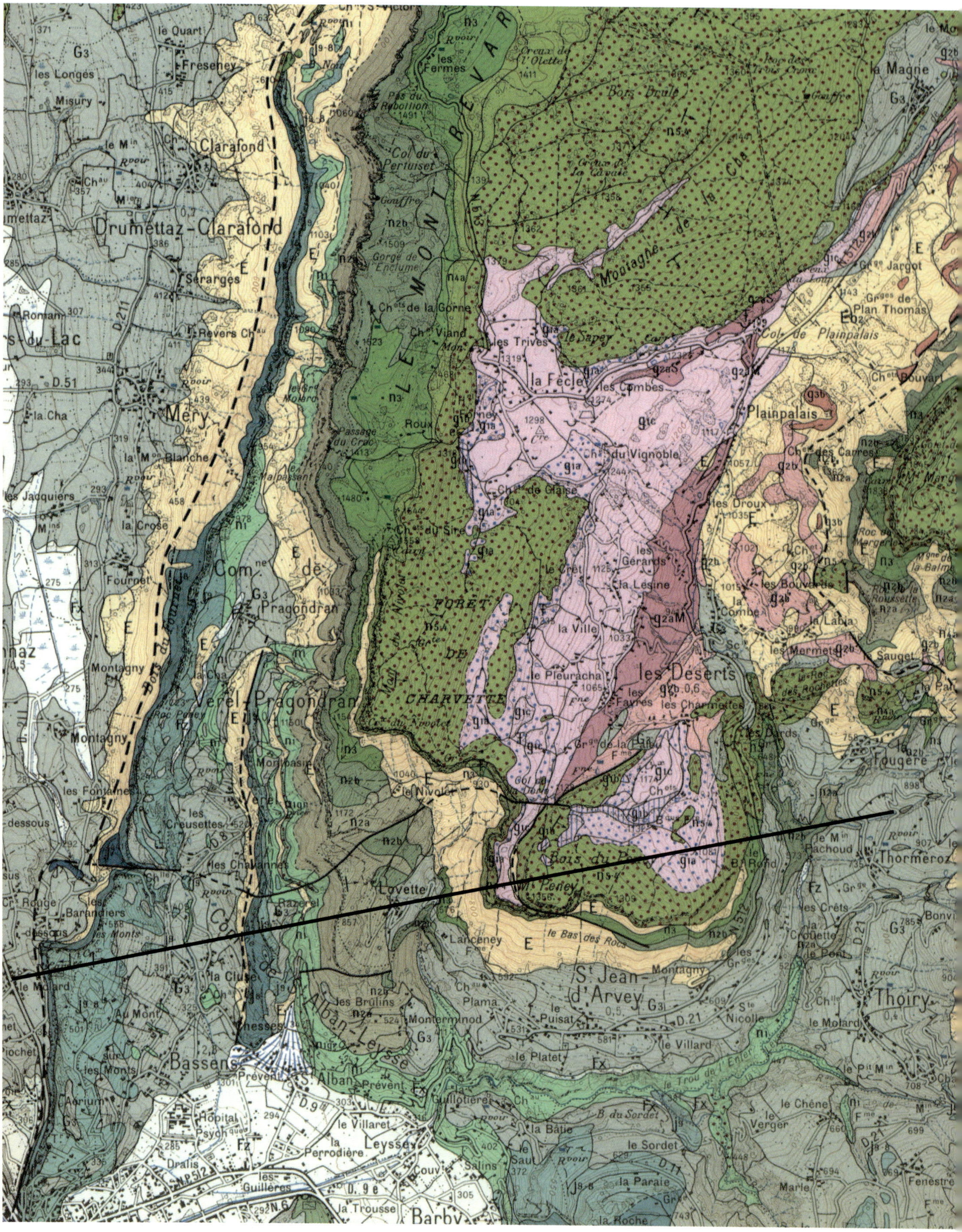

Drumettaz-Clarafond
Clarafond
Freseney
Méry
LE MONT REVARD
Montagne de la Cha
FORÊT DE CHARVETTE
Col du Pertuiset
Col de Plainpalais
Plainpalais
les Déserts
la Féclaz
les Combes
Ch. du Vignoble
les Trives
Pragondran
Verel-Pragondran
Com. de Pragondran
le Nivolet
Lovette
Lanceney
le Bas des Rocs
St Jean-d'Arvey
Montagny
Thoiry
Thormeroz
Bassens
St Alban-Leysse
Leysse
Barby
Hôpital Psych.
les Guillères
la Trousse
le Villaret
la Perrodière
Puisat
Plama
les Brûlins
Montermino
la Cluse
les Barandiers
les Creusettes
les Chavannes
Bois du Pény
la Ville
les Gérards
la Lésine
la Combe
les Droux
les Mermets
les Bouvards
la Magne
Sauget
Fougère
Montagny
les Fontaines
les Jacquiers
Fournet
la Crose
Sérarges
Misury
les Longes
le Quart
la Cha
le Molard
le Chêne
le Verger
Fenestre
le Sordet
la Paraie
la Roche
Salins
le Saut
la Bâtie
D.211
D.51
D.21
D.912
N.6

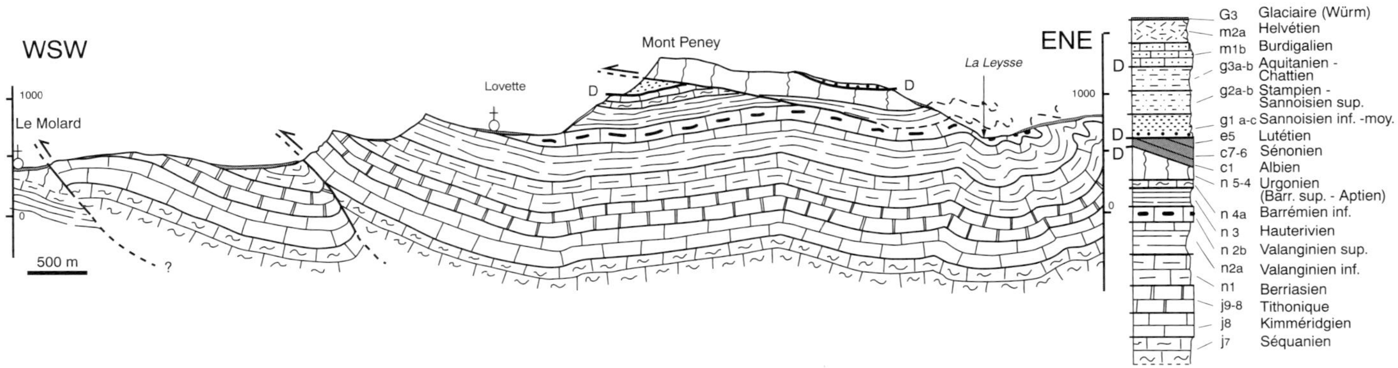

Planche A.7 - Plis et failles inverses : feuille Chambéry (725)

Le massif des Bauges, au Nord des chaînes subalpines, présente un style morphologique et tectonique que l'on retrouve dans celui des Bornes, plus au Nord, ou ceux de la Grande Chartreuse et du Vercors, plus au Sud.

Il est constitué de formations essentiellement mésozoïques modérément plissées et faillées. Le plissement augmente, toutefois, d'Ouest en Est à l'intérieur du massif montagneux (hors coupe). Plis et failles, de direction NNE-SSW, sont souvent associés en systèmes de pli-faille. Les plis sont alors déversés vers l'Ouest. Les failles principales qui affectent le versant occidental du massif, sont à pendage vers l'Est et ont un jeu inverse. Il est probable que ces failles se raccordent en profondeur à des niveaux de décollement situés dans le Jurassique inférieur ou le Trias.

Des accidents secondaires, comme celui du Mont Peney, à faible pendage vers l'Est, faisant chevaucher les calcaires urgoniens (n5-4) sur les grès et conglomérats oligocènes (g1 a-c) montrent qu'il s'est également produit des décollements (limités) relativement superficiels dans la série sédimentaire.

L'âge de la déformation majeure se situe au Miocène supérieur, après le dépôt des molasses (Helvétien) qui sont coincées dans les failles inverses et plissées (non visible sur la coupe). Les lacunes et les discordances des terrains éocènes et oligocènes sont à mettre en relation avec les mouvements tectoniques précoces qui affectent plus fortement les zones plus internes (vers l'Est) des Alpes.

La morphologie du massif est contrôlée par les structures en plis et en failles ; elle est liée aux contrastes lithologiques de la série sédimentaire : le Tithonique (J9) et l'Urgonien (n5-4), calcaires et plus résistants que les termes argileux et marneux du reste de la série, arment les crêtes, les arêtes et plateaux.

Mévouillon
Com^ne de Vers-sur-Méouge
Villefranche
le-Château
SÉDERON
Barret-de-Lioure
Izon-la-Bruisse
Montagne de Bergies
Forêt du Tay
Pré Rond
Pelleret
Aumage
Col d'Izon
Bois de Chassenaye
Conson
Pré Long
Changar
le Plan
Gros Noyer
Grosse Grange
Crête de Serrières
Grand Vallon
la Fuillère
Chanssart
le Négron
Col du Négron
le Jambard
Souvechane
Banastier
Pleine de Mause
la Pauchette

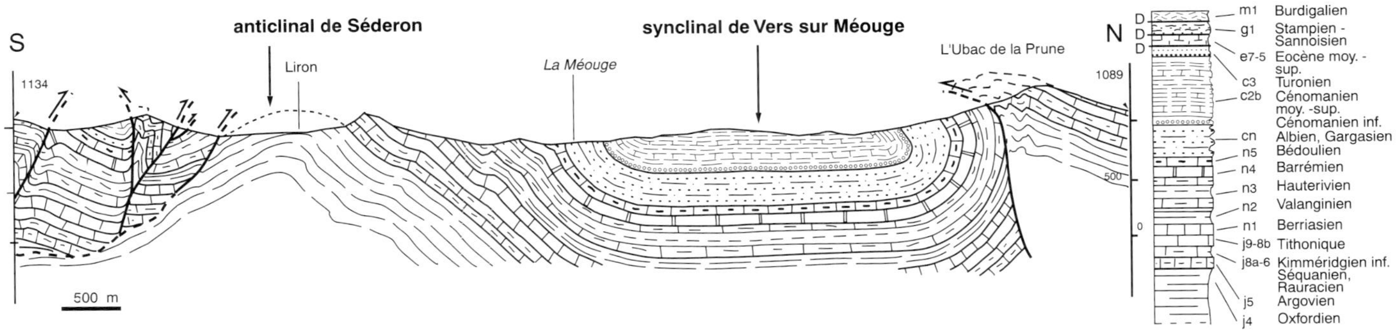

Planche A.8 - Plis, plis-failles, écailles : feuille Séderon (916)

La carte de Séderon recouvre deux régions morphologiquement très différentes de la zone dauphinoise (partie centrale occidentale de la chaîne subalpine) : au Nord, les Baronnies, succession de chaînons et de dépressions E-W, et au Sud les reliefs de la Montagne de Lure – Mont Ventoux, lourd monoclinal régulier incliné vers le Sud.

Ce contraste morphologique nord-sud est dû aux différences lithologiques associées à l'histoire paléogéographique du Crétacé de cette région.

En effet, au Sud, la Montagne de Lure, formée de presque 1 000 m de calcaires, représentait, au Crétacé inférieur, un talus bordant une plate-forme à sédimentation néritique située plus au Sud. Vers le Nord, ce talus passait à un bassin subsident profond avec des dépôts marneux (Bassin vocontien). Puis, dans ce bassin nord se sont accumulées d'épaisses séries terrigènes (marnes bleues) pendant le milieu du Crétacé (Albien – Cénomanien).

La structure générale de la région, marquée par l'orientation E-W des chaînons, est représentée par le chevauchement vers le Nord de la Montagne de Lure. Un ensemble complexe d'écailles souligne le front de chevauchement (extrémité sud de la coupe). Le secteur des Baronnies, au Nord, est formé d'une succession de plis d'axes E-W souvent érodés (anticlinal de Séderon), à cœur de Jurassique supérieur. Les synclinaux larges et à fond plat (synclinal de Vers-sur-Méouge) ont localement leurs flancs renversés.

Des failles inverses à vergence sud, parallèles aux plis et déformées par eux, sont parfois associées aux plis.

Des failles obliques par rapport aux axes des plis, dirigées NNW-SSE et NNE-SSW, probablement décrochantes, compliquent le dispositif structural général.

La tectonique compressive majeure des Baronnies s'est produite au cours du Tertiaire, entre l'Oligocène supérieur et le Miocène inférieur. Elle a été suivie, à la fin du Miocène, d'une nouvelle compression responsable du chevauchement de la Montagne de Lure. Des manifestations tectoniques précoces mineures se sont produites à l'Éocène. Il est probable que des failles à jeu inverse ou chevauchant soient d'anciennes failles normales actives lors de la formation du Bassin vocontien au Crétacé inférieur, et qui ont été réactivées lors de la tectonique compressive au Tertiaire.

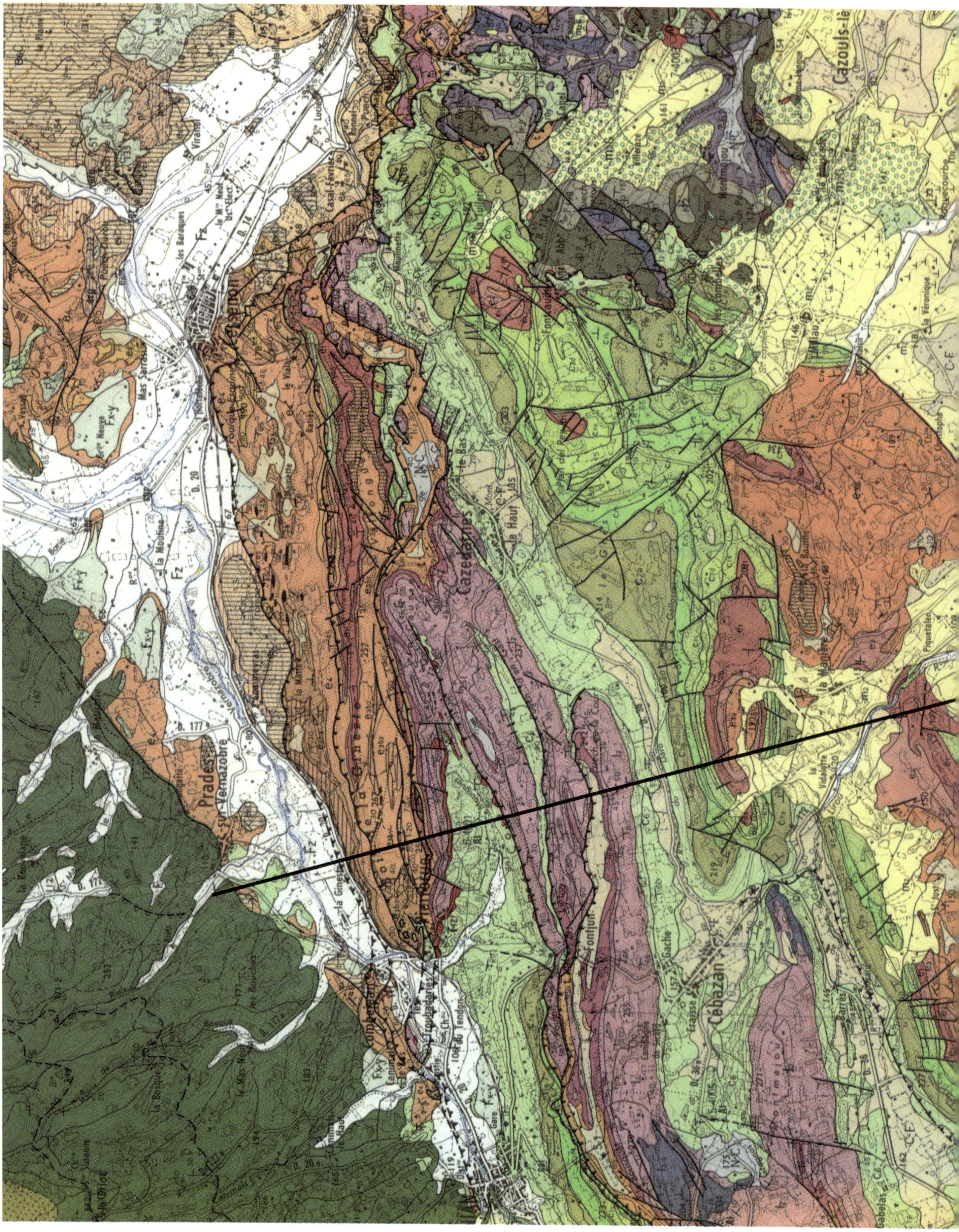
Prades-sur-Vernazobre
Cazedarnes
Cébazan

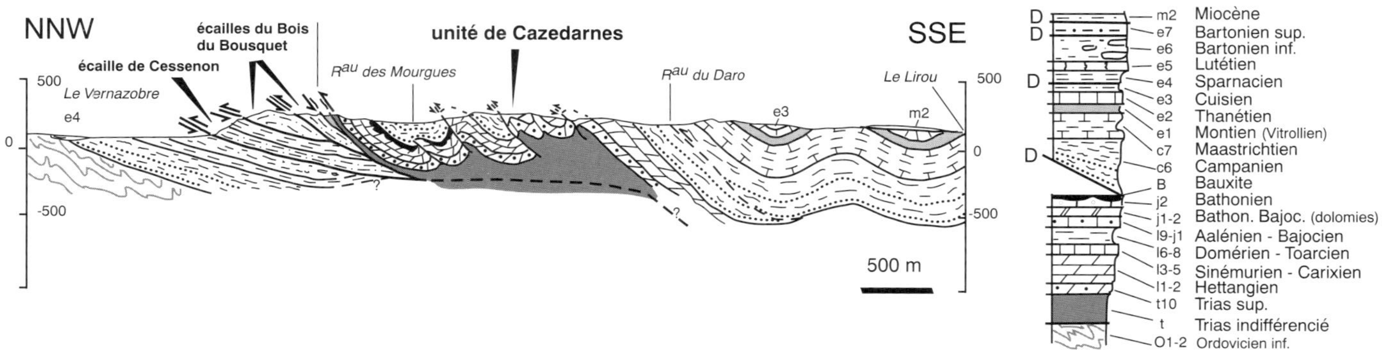

Planche A.9 - Tectonique d'écailles et de décollement : feuille Saint Chinian (1014)

Sur le bord sud des terrains paléozoïques (O1-2, Ordovicien inférieur) du versant sud de la Montagne Noire, les séries secondaires et tertiaires du Languedoc sont déformées en écailles superficielles à vergence vers le Nord. Elles ont été formées par la tectonique compressive pyrénéenne et leur forme arquée fait qu'on les nomme arc de Saint Chinian.

Les écailles du Nord, écailles de Cessenon et du Bois du Bousquet, sont formées uniquement de terrains d'âge crétacé supérieur et tertiaire inférieur. Elles chevauchent un autochtone éocène, dont les épais niveaux, d'âge bartonien inférieur, riches en olistolithes, blocs d'écroulement au front des écailles qui avancent, permettent de dater la mise en place. Ces dépôts syntectoniques se sont étalés devant le front chevauchant des écailles et ont été chevauchés par la suite.

Les écailles méridionales (unité de Cazedarnes, de Cazouls), structuralement plus élevées, sont formées de matériel mésozoïque (Trias supérieur, Lias, Crétacé supérieur) et tertiaire inférieur. Leur base est une semelle de Trias plastique (évaporites, argiles) formant niveau de décollement. Des bauxites d'âge crétacé moyen (à toit de c6) témoignent d'une période d'émersion, d'érosion et d'altération connue ailleurs dans le Sud de la France (Isthme durancien), (Planche A.14).

Contrairement aux écailles du Nord sans Trias plastique à leur base qui sont faiblement déplacées, les écailles du sud à semelle de Trias ont une allochtonie de plusieurs kilomètres vers le Nord. L'amortissement rapide de la tectonique tangentielle est dû à la variation lithologique rapide des séries sédimentaires affectées, notamment l'absence de niveaux de décollement au Nord.

Le Miocène moyen (m2), transgressif, discordant et non déformé cachète les derniers mouvements tectoniques de la région.

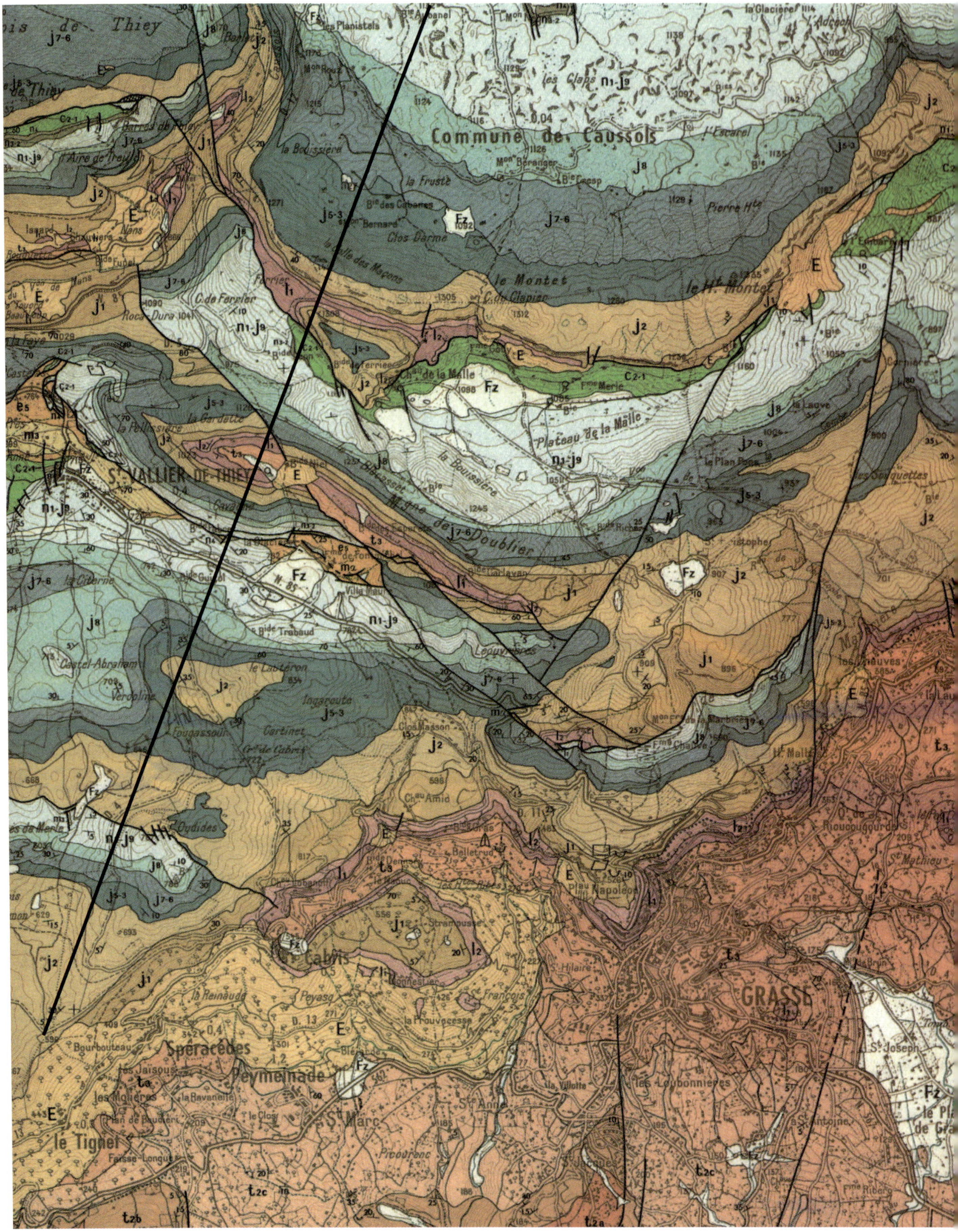

Commune de Caussols
Plateau de la Malle
St VALLIER-DE-THIEY
GRASSE
Spéracèdes
Peymeinade
le Tignet
St Cézaire
le Montet
le Ht Montet
la Boussière
Plan Napoléon
St Antoine
la Malle
Bois de Thiey
Castel-Abraham
Clos Darme
la Frouvecesse
la Villette
les Loubonnières
le Lautéron
Cabris

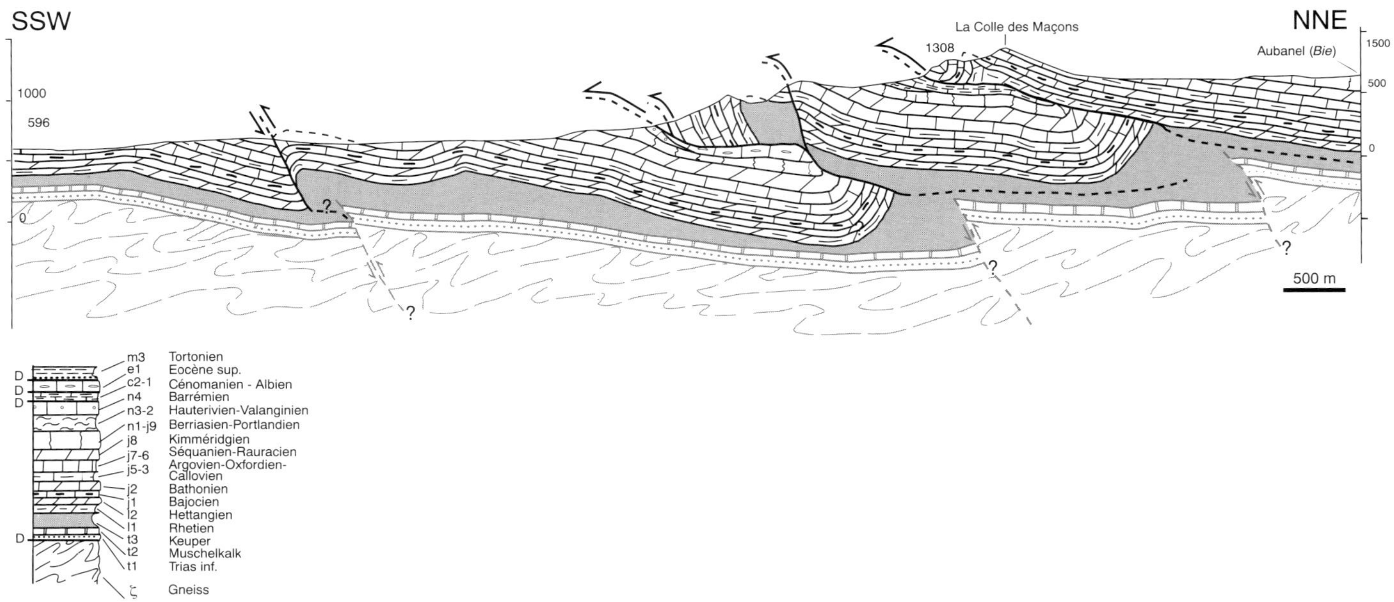

Planche A.10 - Chevauchements, rampes et plats, décollements : feuille Grasse-Cannes (999)

Les structures tectoniques de cet extrait de carte appartiennent à l'extrémité orientale de l'arc de Castellane, partie sud des Alpes occidentales françaises. Il s'agit d'un système de plis et de chevauchements à vergence sud, affectant la série sédimentaire secondaire et tertiaire provençale.

Les structures sont de type chevauchement en rampes et paliers (association de failles chevauchantes et de plis anticlinaux et synclinaux), imbriquées.

Le Trias supérieur (Keuper) (t3), gypseux, a servi de niveau de décollement à l'ensemble de la série secondaire et tertiaire. La déformation s'amortit vers le Sud. Le socle, formé de terrains paléozoïques métamorphiques (gneiss du Taneron), est recouvert en discordance par le Trias inférieur (grès, t1) et moyen (calcaires, t2). Ces deux niveaux sont généralement adhérents et solidaires du socle dont ils forment le tégument.

Le Trias calcaire peut localement être engagé dans la tectonique de décollement, mais les structures attribuables à ce phénomène ne sont pas observables sur la carte.

Le tracé de la partie inférieure de la coupe (sous le niveau de décollement du Trias supérieur) a été dessiné en grisé pour montrer le caractère très interprété de cette partie de la coupe. Ainsi, des accidents de type faille inverse ont été placés dans le socle pour exprimer le raccourcissement possible de celui-ci.

Cette architecture, complexe dans le détail, résulte d'une histoire polyphasée marquée par des lacunes, des discordances (du Lutétien supérieur, de l'Oligocène, du Burdigalien, du Tortonien). Ce dernier, coincé sous le plus haut chevauchement de la coupe, date la structuration majeure compressive de la région dans la fin du Miocène supérieur.

Bois du Sizon
Pharaon
le Grand Vallon
St Martin
St Jacques

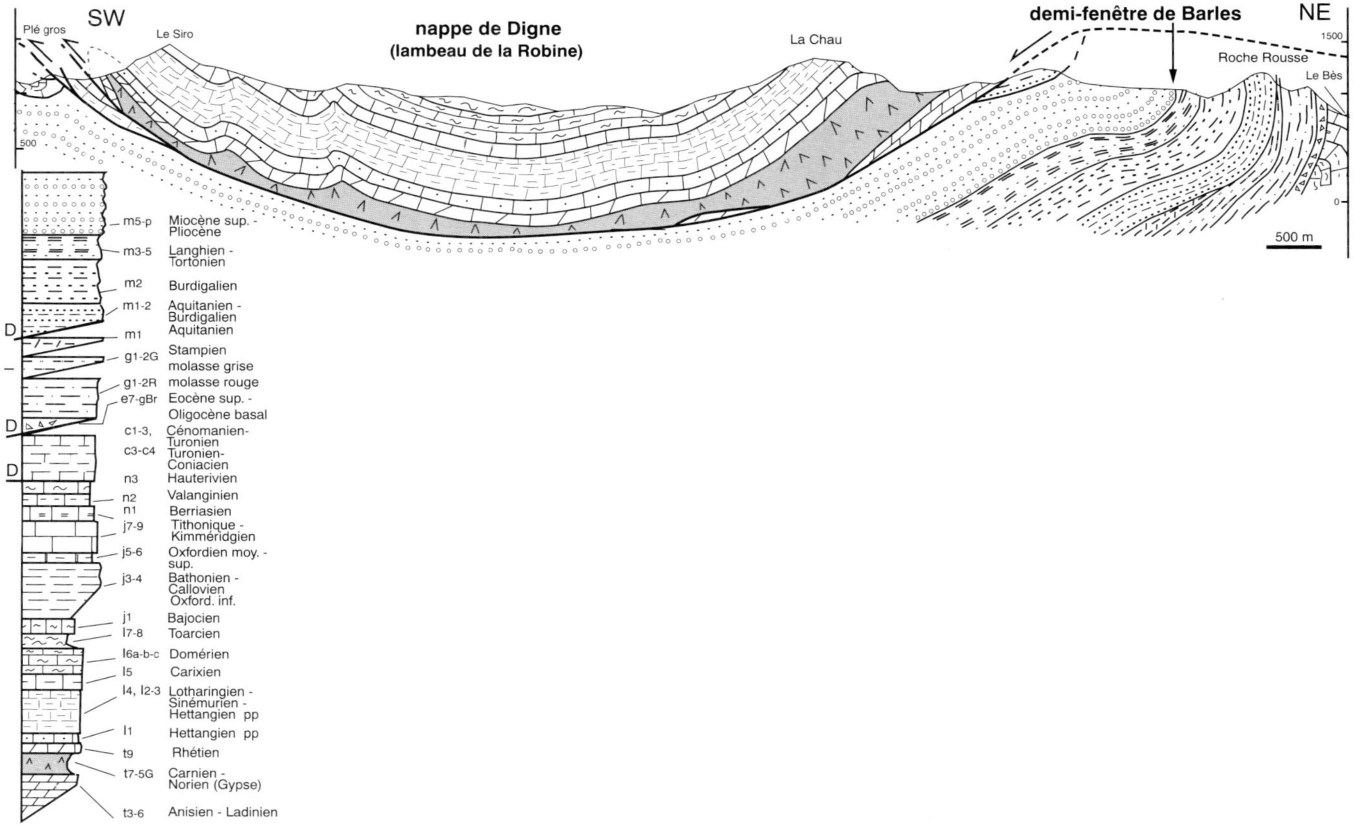

Planche A.11 - Nappe : feuille La Javie (918)

Le lambeau de la Robine, partie avancée au front de la nappe de Digne, est un exemple typique de structure chevauchante au cœur de la chaîne subalpine centrale. Ce lambeau, formé de terrains secondaires (Trias et Lias), de forme synclinale simple, repose anormalement sur des terrains tertiaires. Un contact tectonique sépare le lambeau (allochtone) du substratum (autochtone). Des écailles et des replis compliquent le front SW de cette unité charriée. Le substratum est lui-même complexe, car il est composé d'une série mésozoïque (au NE de la coupe), affectée de plis d'axe EW, sur lesquels reposent, en discordance angulaire souvent très forte (90°), des formations détritiques continentales ou marines (Éocène supérieur – Oligocène – Miocène).

Ces formations se terminent par de puissants dépôts fluviatiles d'âge Miocène supérieur à Pliocène (formation de Valensole).

C'est sur cette formation que repose la nappe de Digne au niveau du lambeau de la Robine. Entre la nappe et l'autochtone s'intercalent parfois des formations chaotiques d'âge Pliocène terminal. Leurs éléments proviennent du démantèlement du front de la nappe en mouvement lorsqu'il était très proche, puis ces formations ont été chevauchées par la nappe.

L'orientation des déformations dans les terrains autochtones proches du contact chevauchant et à la base de la nappe (axes de plis NW-SE déversés au SW) indiquent un déplacement de cette dernière du NE vers le SW.

Les études de terrain montrent que la nappe s'est avancée sur une surface irrégulière et à l'air libre (tectonique épiglyptique). Son chevauchement a été facilité par un épais coussin de gypses du Trias (t7-5G) qui jalonne son contact de base.

L'érosion postérieure à la mise en place de la nappe a préservé le lambeau de la Robine, probablement en raison de sa structure en cuvette synclinale, tandis que, plus au Nord, elle a évidé la demi-fenêtre de Barles dans un bombement de la nappe.

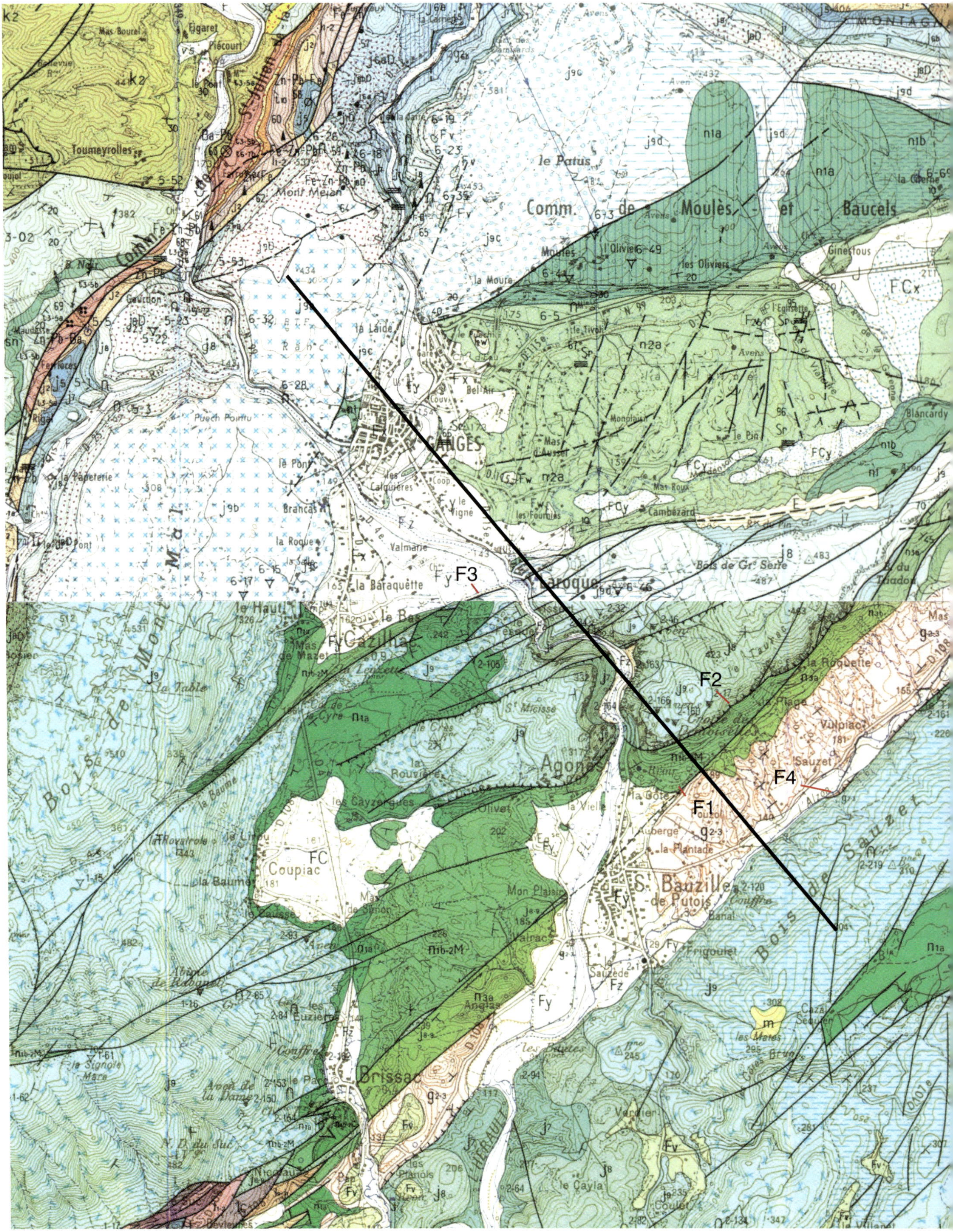

F1
F2
F3
F4
Ganges
Laroque
Cazilhac
Agonès
S. Bauzille de Putois
Brissac
Comm. de Moulès et Baucels
le Patus
Bois de Sauzet
Bois de Mont Mal
Toumeyrolles
Mas Bourel
Figaret
St-Julien
Mont Méjan
Moulès
les Oliviers
Ginestous
Monplaisir
Mas d'Aussel
Cambezard
Blancardy
Bel-Air
la Laide
Puech Pointu
la Papeterie
Brancas
la Roque
Valmarie
la Baraquette
le Haut
Coupiac
la Baume
Mon Plaisir
Valrac
les Cayzergues
Olivet
la Rouvière
la Roquette
Vulpiac
Sauzet
la Plantade
la Côte
Frigoulet
Sauzède
le Cayla
Vernier

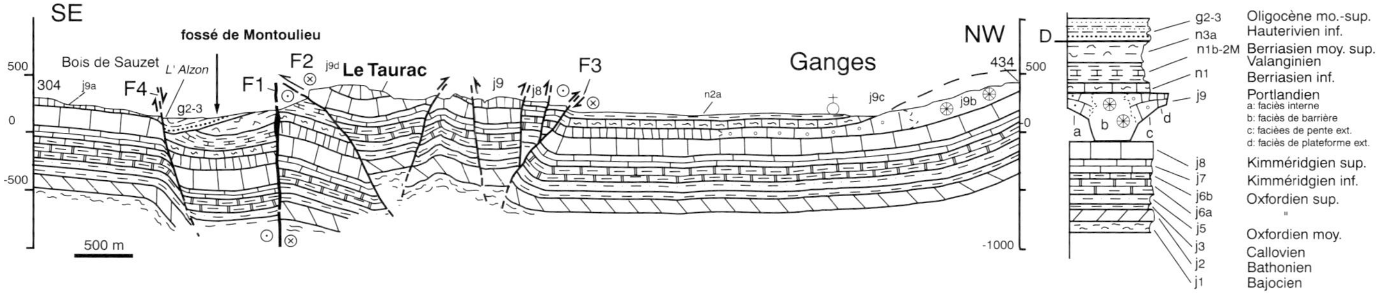

Planche A.12 – Failles décrochantes : feuilles Saint-Martin-de-Londres et Le Vigan (937 & 963)

Une zone de failles de direction NE-SW affecte les terrains mésozoïques et cénozoïques de la région ; une déformation importante s'y localise sur quelques centaines de m ou quelques km de largeur. C'est la zone de faille des Cévennes. Longue de plus de 200 km de la vallée du Rhône à la Montagne Noire, elle sépare le Massif Central au NW du Languedoc au SE.

Formées à la fin du Paléozoïque (tectonique tardihercynienne), ces failles ont manifesté leur activité au cours du Permien et du Jurassique (jeux en failles normales). Elles ont surtout été fortement réactivées dans la tectonique pyrénéenne compressive N-S au début du Tertiaire (Éocène – Oligocène inférieur), où elles ont fonctionné en failles décrochantes sénestres (faille F1 : direction NE-SW, verticale) ou en failles sénestres-inverses (failles F2 et F3 : direction N60° à N80°, pendage SE ou NW).

La structure du Taurac, limitée par les failles F2 et F3, forme ainsi un horst compressif de direction oblique sur la direction générale de la zone de faille des Cévennes (F1). Le décalage horizontal des différents faciès d'un ancien système récifal du Portlandien (j9ac par exemple), orienté sensiblement N-S, par ces failles, permet d'estimer à 15 km le décrochement sénestre sur les failles des Cévennes lors de la compression pyrénéenne.

Au cours de l'Oligocène moyen et supérieur, la région fut soumise à une extension approximativement NW-SE qui a réactivé certaines failles de cette zone en failles normales (F4). Des demi-grabens remplis de dépôts détritiques continentaux franchement discordants sur les formations plus anciennes se sont alors formés.

Bois de la Baume
Notre-Dame-de-Londres
Commune de Rouet
Bois du Patus
Bois du Ca
St-MARTIN-DE-LONDRES
Mas-de-Londres
Aérodrome de St-Martin-de-Londres
Plaine de Biranques
Biranques
Cazevieille
Courtes
Viols-en-Laval
Bois de l'Abric
Gr.d Bois de la Garde
Masclac
Lagarde
La Francinède
les Courèges
Mas Noir
la Borie
la Jasse
Mas d'Alègre
Mas de Garonne
le Gardiol
Pic St-Loup
Mas Rigaud
Montagne d'Hortus
Les Cambs
Cabriac
Mas de Ricome
la Coumette
Jasse de Ricome
Roubiac
Souilles
Puech de Caucalies
Plaine de Souilles
le Relais des Chênes
la Pourcaresse
Pourcaresse
Suques
Fy
E
FC

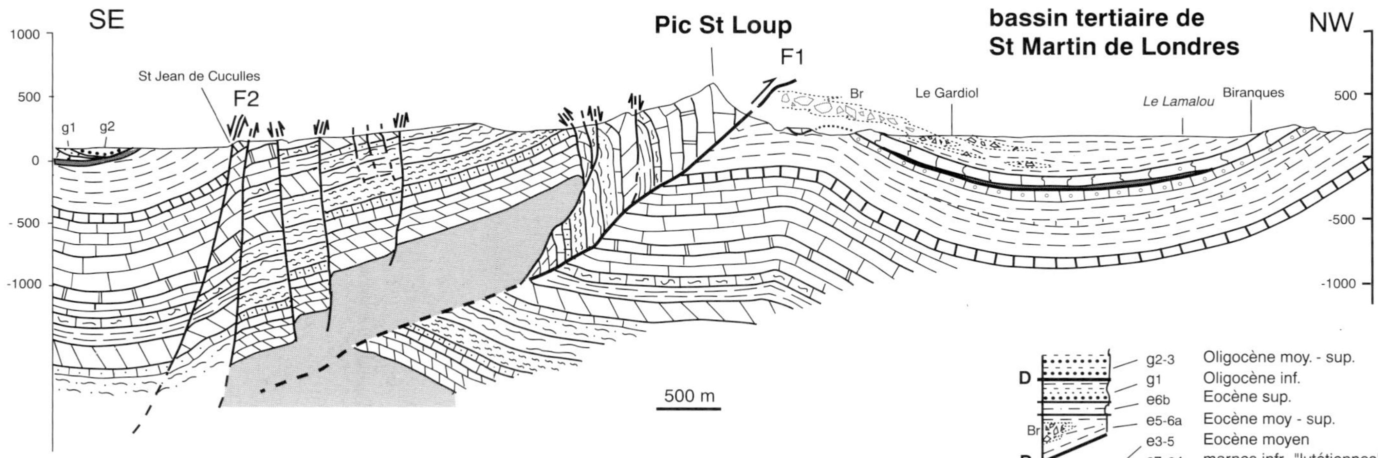

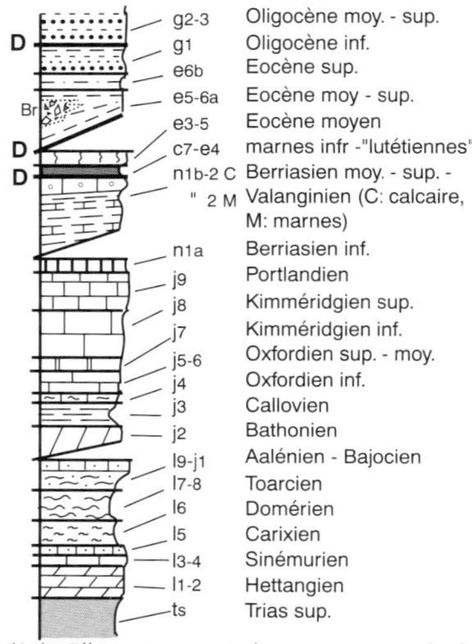

Planche A.13 - Pli et faille inverse : feuille Saint-Martin-de-Londres (963)

La structure du Pic St-Loup, en pays languedocien, est un exemple spectaculaire de localisation de la déformation en compression. Il s'agit d'un pli anticlinal asymétrique dont le flanc nord est vertical et le flanc sud faiblement incliné vers le Sud.

Une faille inverse majeure (F1) de direction E-W et pendage 45 à 50° au Sud, fait chevaucher légèrement l'anticlinal sur le petit bassin de St-Martin-de-Londres rempli de dépôts tertiaires.

Des failles de direction NE-SW (F2), verticales ou à fort pendage au Sud, ont eu un jeu normal au cours de l'Oligocène moyen et supérieur. Ces failles font partie du système de failles des Cévennes (voir Planche A.12).

Des brèches d'âge éocène moyen-supérieur, à éléments grossiers et anguleux, sont développées au pied du flanc chevauchant du pli ; elles se sont déposées lors de sa formation (dépôts syntectoniques). Elles deviennent moins épaisses et les éléments moins gros vers le Nord du bassin (variation latérale de faciès). Elles marquent le paroxysme de la tectonique en compression (phase pyrénéenne). Des mouvements compressifs précoces (anté Crétacé supérieur – Eocène moyen), plus modestes, sont soulignés par une faible discordance angulaire et cartographique (D) et par une importante lacune (érosion et/ou absence de dépôts).

Vers l'Ouest, la structure anticlinale du Pic St-Loup s'amortit et l'accident frontal (F1) se complique en une série d'écailles imbriquées poussées vers le Nord.

Le pli du Pic St-Loup peut s'interpréter comme un pli de propagation né sur un accident (rampe) de direction E-W et qui s'est agrandi en avançant vers le Nord.

La géométrie en profondeur de la faille F1, liée au pli, ne peut être tracée avec certitude à partir des seules données cartographiques de surface. Des complications structurales doivent exister au cœur de l'anticlinal, formé de Trias supérieur (évaporites et argiles).

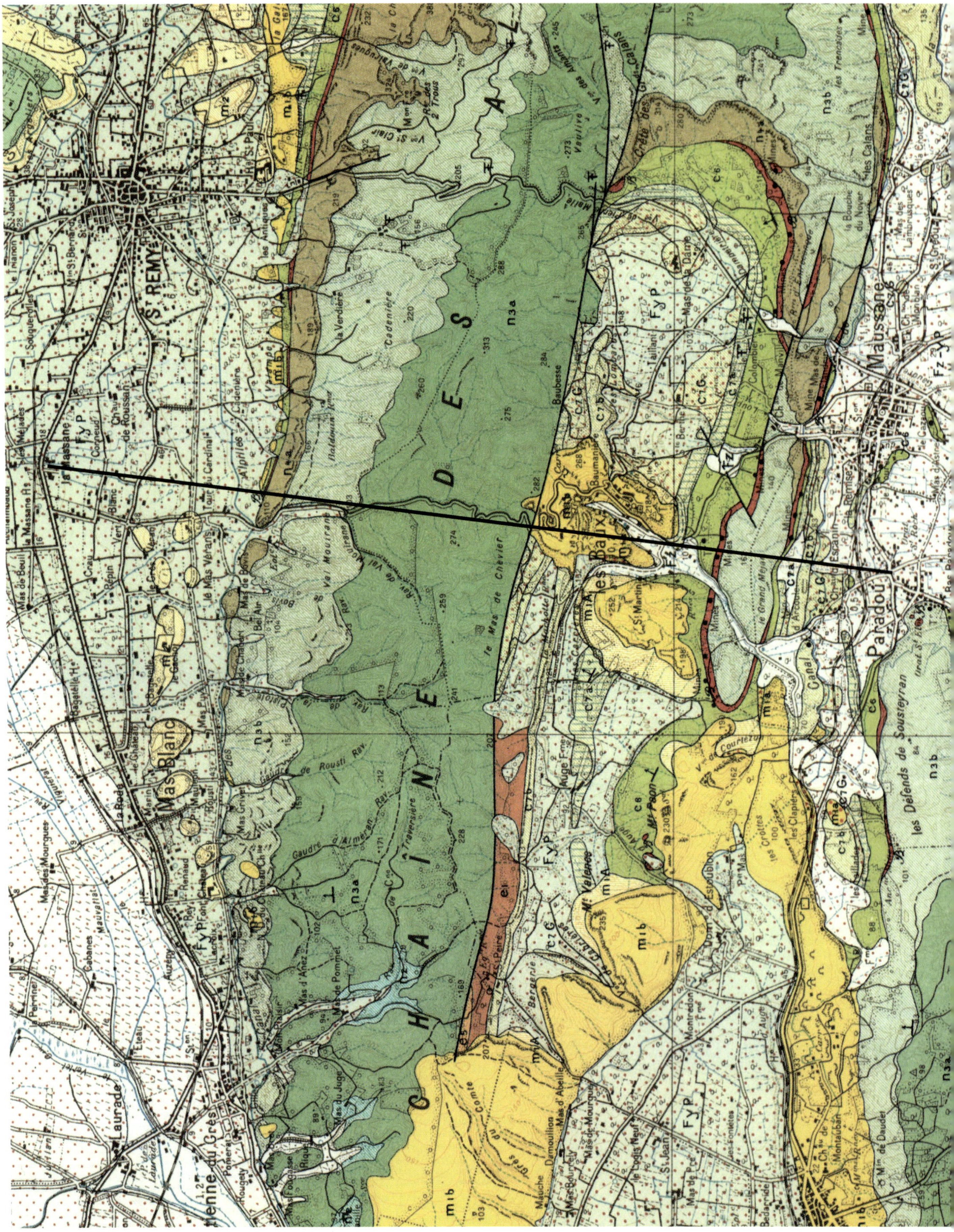

CHAÎNE DES AL
St REMY
Maussane
Paradou
les Baux
Mas Blanc
les Défends de Sousteyran

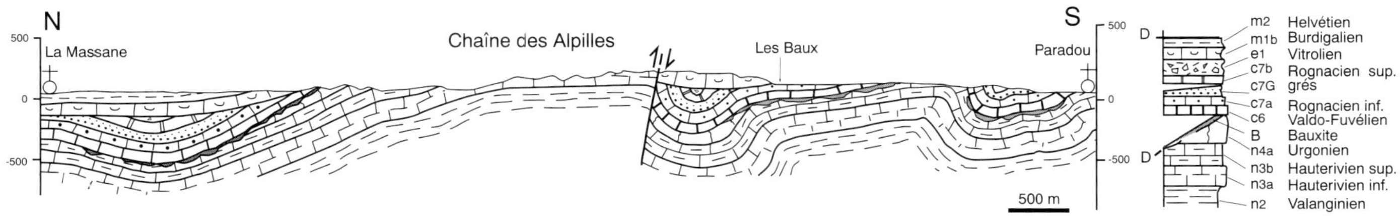

Planche A.14 - Structures polyphasées - discordances : feuilles Les Alpilles (Eyguières Nord – 993 et Chateaurenard Sud -966)

Situé entre la Provence (à l'Est) et le Languedoc (à l'Ouest), le chaînon des Alpilles présente une histoire géologique complexe dont on peut déduire les principales étapes à l'aide de l'extrait de carte choisi.

Les principales étapes, cartographiquement reconnaissables, se sont produites du Crétacé à la fin du Tertiaire.

– À la fin du Crétacé inférieur (après le dépôt des calcaires massifs à faciès urgonien, n4a) la région émerge et une surface d'érosion karstique se développe, piégeant dans ses creux de la bauxite (du nom du village des Baux-de-Provence), longtemps exploitée dans la région. Cette émersion forme l'isthme durancien. Ces dépôts superficiels, plus ou moins lacunaires, sont recouverts par une série fluvio-lacustre d'âge crétacé supérieur (Valdo-Fuvélien) à éocène (e1-e5).

– Une phase tectonique plisse le tout en plis d'axe E-W (phase pyrénéenne) et fait (re)jouer des failles de même direction ; ces failles sont peut être contemporaines de la formation de l'isthme durancien.

– Après une longue période d'érosion (Oligocène), la mer transgresse au Burdigalien (calcaires bioclastiques, m1) et se maintient à l'Helvétien (m2). Puis une nouvelle phase tectonique, plus modérée, déforme la région en donnant des plis amples de direction approximativement E-W (phase alpine).

Plo de Canac
Arnac-sur-Dourdou
la Mouline
le Pesquier
Pierre des Cats
Serre de la Can
le Grézié
Bois de la Tennelle
le Ferrio
la Lande
Serre du Soul
Serre de Favier
Mont Frech
la Fayède
Bois Domanial
les Arques
Toutou
les Bragals
de la Grange
Col de Coustel
Bois Dom.al de Proudoumat
B. de la Ramasse
Montagne de Marcou
le Fau
Albès
le Causse
Boissezon de Masviel
Fagairolles
le Baraquette
St. Amans de Mounis
le Bassel
le Barthas
St Geniès de Varensal
Col del Pal
Raste
les Découvertes
Pabau
la Cathala
Plaisance
Castanet-le-Haut
Montahut
Andabre
Sept de l'Espinouse
l'Espaban
Plo de Flambloyau
Serre de Malous
Plo des Brus
Bois de Bétirac
Ref. de la Lauze
Col de l'Ourtigas
Mazades des Huttes
Fourmendouyre
P. Sublime
Salvergues
la Calmette
Col de la Plane
Montagne de Rosis
les Tourelles

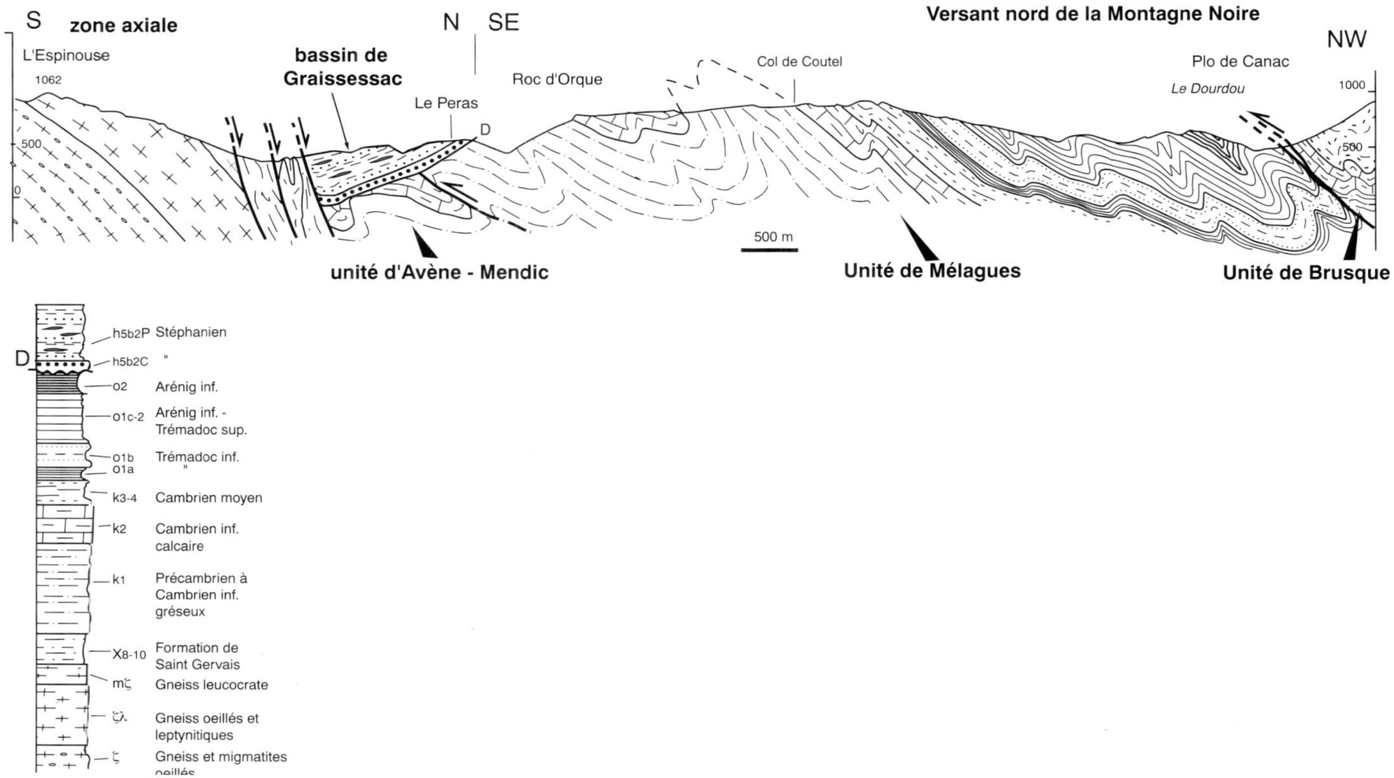

Planche A.15 - Tectonique d'écailles et de plis - demi graben : feuille Bédarieux (988)

À l'extrémité est de la Montagne Noire, le socle de gneiss et de migmatites forme une structure antiforme, topographiquement culminante (massif de L'Espinouse) et représente la zone axiale de ce segment hercynien du Massif Central français. Un système de failles de direction E-W, à fort pendage vers le Nord, affecte des schistes (dits schistes X), représentant la couverture métasédimentaire des gneiss de la zone axiale.

Au Nord de la zone axiale, un ensemble d'unités tectoniques hercyniennes forme le versant nord de la Montagne Noire. Ces unités, constituées de terrains sédimentaires infracambriens à paléozoïque inférieur, sont plissées en grandes structures d'axe ENE-WSW, déversées au SSE ou au Sud. Des contacts chevauchants à mouvement vers le Sud séparent les diverses unités.

L'ensemble de ces structures résulte d'une tectonique polyphasée hercynienne, dont la phase majeure tangentielle, synschisteuse, est synmétamorphe (métamorphisme épizonal).

Entre la zone axiale et les unités du versant nord s'intercale un demi-fossé, dit de Graissessac. Ce demi-fossé, limité au Sud par les failles E-W précédemment décrites, est rempli de terrains continentaux d'âge stéphanien. Certains niveaux renferment du charbon, encore récemment exploité. Les niveaux conglomératiques de base du fossé sont discordants sur les différentes unités du versant nord. Cet étroit bassin carbonifère a été légèrement plissé et faillé lors de mouvements tardihercyniens et peut-être pyrénéens.

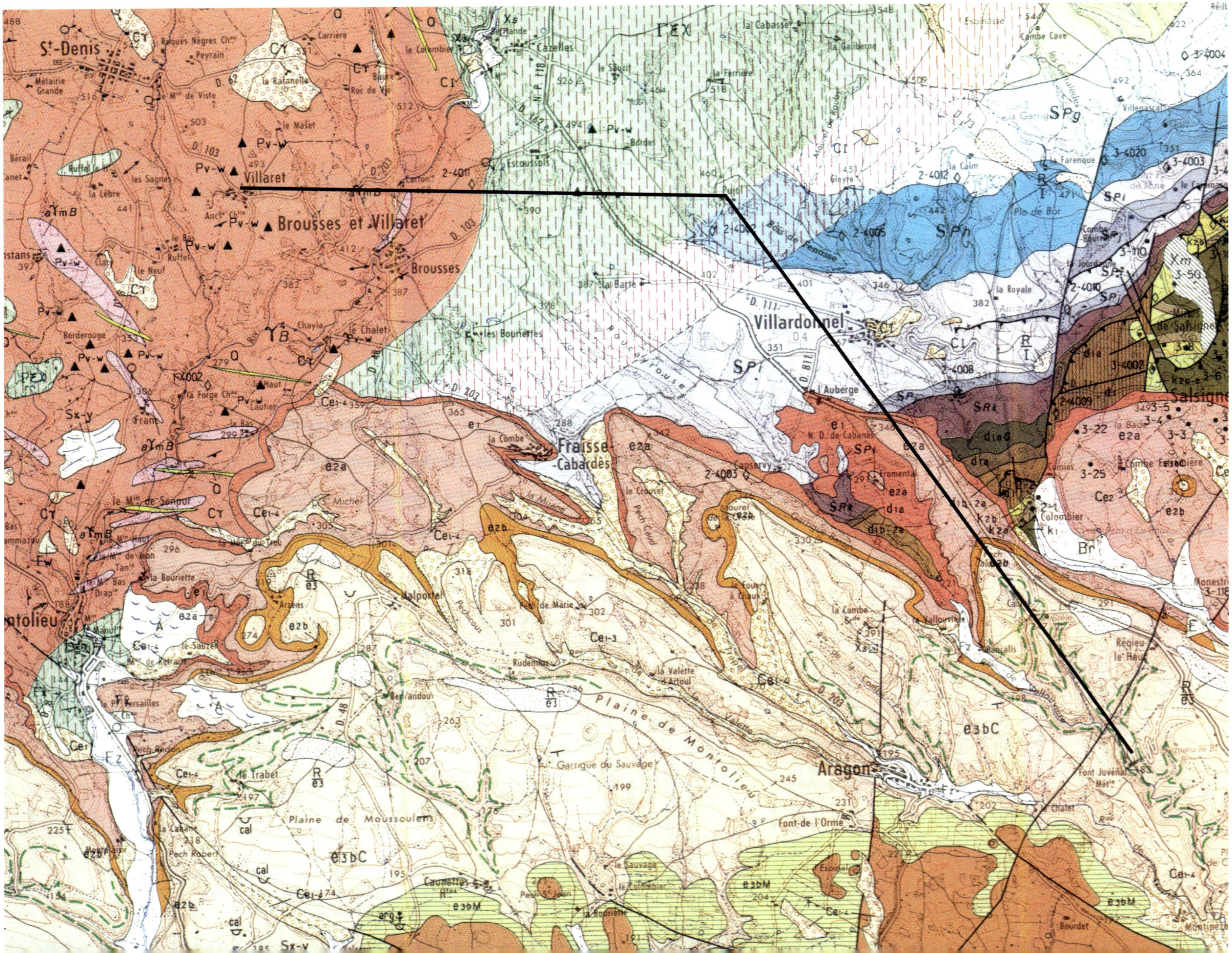
St-Denis
Villaret
Brousses et Villaret
Brousses
Villardonnel
Fraisse-Cabardès
Aragon
Plaine de Montolieu
Plaine de Moussoulens
Pech Caud
la Royale
l'Auberge
la Bourriette
Garrigue du Sauvage
Font-de-l'Orme